くらべてわかる
きのこ 原寸大

写真―大作晃一　監修―吹春俊光

山と溪谷社

左／ベニテングタケ　右／タマゴタケ

本書の使い方	4
用語解説	5
きのこ観察の基本10	6
見わけのツボ	8
おもなきのこの検索	19

目次

原寸大図鑑

担子菌類

ヒラタケ、タモギタケなど（ヒラタケ科など）	26
ツキヨタケ、シイタケ、ムキタケなど（ツキヨタケ科、ガマノホタケ科）	28
カンゾウタケ（カンゾウタケ科）	30
オオキツネタケ、カレバキツネタケなど（ヒドナンギウム科）	31
オオホウライタケ、スジオチバタケなど（ホウライタケ科）	32
チシオタケ、ヤコウタケなど（クヌギタケ科）	33
サクラシメジ、アカヤマタケなど（ヌメリガサ科）	34
オオモミタケなど（オオモミタケ科）	36
マツタケなど（キシメジ科など）	38
シモフリシメジ、アイシメジなど（キシメジ科）	40
ムラサキシメジなど（キシメジ科）	42
ホンシメジ、シャカシメジなど（キシメジ科、シメジ科）	44
ニオウシメジ、カヤタケなど（キシメジ科、シメジ科）	46
ウラベニホテイシメジ、クサウラベニタケなど（イッポンシメジ科）	48
ウラベニガサ、オオフクロタケなど（ウラベニガサ科）	50
ベニテングタケ、タマゴタケなど（テングタケ科）	52
ハイカグラテングタケ、チャオニテングタケなど（テングタケ科）	54
テングタケ、イボテングタケなど（テングタケ科）	56
コテングタケモドキ、オオツルタケなど（テングタケ科）	58
ドクツルタケ、シロコタマゴテングタケ（テングタケ科）	60
タマシロオニタケ、カブラテングタケなど（テングタケ科）	62
フクロツルタケ、シロオニタケなど（テングタケ科）	64
カラカサタケなど（ハラタケ科）	66
ザラエノハラタケ、オニタケなど（ハラタケ科）	68
ウスキモリノカサ、ササクレヒトヨタケなど（ハラタケ科、カブラテングタケ科）	70
ヒトヨタケ、ムジナタケなど（ナヨタケ科）	72
ヌメリツバタケ、エノキタケなど（タマバリタケ科など）	74
ナラタケのなかま（タマバリタケ科）	76
クリタケ、ニガクリタケなど（モエギタケ科）	77

ナメコ、チャナメツムタケなど (モエギタケ科) — 78
ヌメリスギタケモドキ、ハナガサタケなど (モエギタケ科) — 80
サケツバタケ、ヤナギマツタケなど (モエギタケ科) — 82
ヒカゲシビレタケ、オオワライタケなど (モエギタケ科など) — 84
ワライタケ、キショウゲンジなど (オキナタケ科) — 85
オオキヌハダトマヤタケなど (アセタケ科) — 86
アシナガヌメリ、ナガエノスギタケなど (ヒメノガステル科) — 87
ムレオオフウセンタケなど (フウセンタケ科) — 88
オオツガタケ、ショウゲンジなど (フウセンタケ科) — 90
キンチャフウセンタケなど (フウセンタケ科) — 92
ドクベニタケ、オキナクサハツなど (ベニタケ科) — 94
チチタケなど (ベニタケ科) — 96
ハツタケなど (ベニタケ科) — 98
ヒダハタケ、オウギタケなど (ヒダハタケ科、オウギタケ科など) — 99
バライロウラベニイロガワリ、ベニイグチなど (イグチ科など) — 100
ヌメリコウジタケ、ハナイグチなど (ヌメリイグチ科など) — 102
アワタケ、ドクヤマドリなど (イグチ科、クリイロイグチ科) — 104
オオキノボリイグチなど (イグチ科) — 106
ヤマドリタケ、セイタカイグチなど (イグチ科) — 108
アオネノヤマイグチ、キンチャヤマイグチなど (イグチ科) — 110
アカヤマドリ、コオニイグチなど (イグチ科など) — 112
ミドリニガイグチ、オオクロニガイグチなど (イグチ科) — 114
アンズタケ、ウスタケなど (アンズタケ目アンズタケ科、ラッパタケ目ラッパタケ科) — 116
カノシタ、コウタケなど (アンズタケ目カノシタ科、イボタケ目マツバハリタケ科など) — 118
クロカワ、マンネンタケなど (イボタケ目マツバハリタケ科、タマチョレイタケ目タマチョレイタケ科) — 120
ブナハリタケ、マイタケなど (タマチョレイタケ科など) — 122
マスタケ、ニンギョウタケなど (タマチョレイタケ目ツガサルノコシカケ科など) — 124
スッポンタケ、キヌガサタケなど (スッポンタケ科、アカカゴタケ科) — 128
キクラゲ、ハナビラニカワタケなど (キクラゲ目キクラゲ科、シロキクラゲ目シロキクラゲ科など) — 132

子のう菌類

オオゴムタケなど (チャワンタケ科など) — 134
シャグマアミガサタケ、アミガサタケなど (フクロシトネタケ科、アミガサタケ科) — 136
コウボウフデ、カエンタケなど (エウロチウム目ツチダンゴ科、ボタンタケ目ニクザキン科など) — 138

コラム

きのこ観察のためのきのこ狩り — 18
丸いきのこ — 126
サンゴ形のきのこ — 130
冬虫夏草 — 140
担子菌類と子のう菌類 — 141

本書の使い方

本書では日本で見られるきのこのうち、約440種を掲載しています。類似種の多いきのこを厳密に分類するためには、顕微鏡に加えてDNA分析が欠かせない時代になりました。しかし、本書では外見のちがいを重視して、肉眼だけでも見わけられるようになることを目指しました。見た目が似ている仲間ごとに並べているので、見比べてちがいを確認できます。また、科学的な分類にもある程度は基づいているので、そのグループにどんなきのこが含まれているかを大雑把に把握することもできます。

目名
そのページに掲載されている目の名前です。複数あるときは代表的なものを掲載しています。「目」は分類階級の1つで、「科」の上の階級です。

科名
そのページに掲載されている科の名前です。複数あるときは代表的なものを掲載しています。「科」は分類階級の1つで、「属」の上の階級です。

見出し
そのページに掲載されているおもなきのこの名前を見出しにしました。

リード
そのページに掲載されているきのこの共通の特徴や、知っておきたいトピックスなどをまとめました。

きのこの名前
標準的な和名と学名です。*1)

マーク
きのこの性質がひと目でわかるマークです。性質がいまだに不明のものはマークが入っていません。

- 食 食用きのこ
- 毒 有毒きのこ
- 注 食用だが要注意のきのこ

菌根菌 樹木と共生関係にあるきのこで、ふつうは地面から生えます。

腐生菌・地 腐生菌のうち、地面から生えることの多いきのこです。*2)

腐生菌・材 腐生菌のうち、材上から生えることの多いきのこです。

寄生菌 別の生きものに寄生するきのこです。

きのこの食毒について
食毒注の表示は、弊社『カラー名鑑日本のきのこ』を底本にしましたが、最近の知見に関しては『日本の毒きのこ』(学習研究社、長澤栄史監修)を参考に中毒情報を記したため、食用きのこに中毒例が書かれている場合があります。きのこの研究は途上のものが多く、有毒とされていなくても体質や体調などにより中毒する危険もあります。野生のきのこを食べるときは、くれぐれも慎重に判断してください。

引き出し解説
部位の状態や色は引き出し線で示して解説しています。

くらべるきのこコラム
他のページに掲載されているけれど、よく似ているきのこです。

●キシメジ科
ムラサキシメジなど

典型的なキシメジ科のきのこの形をしていて、つばもつぼもない。胞子は白っぽいが、赤や紅色を帯びるものもある。ここで紹介しているのはキシメジ科のなかでもどれも腐生菌。

腐生菌・地
↓コムラサキシメジ
Lepista sordida
夏〜秋、畑や芝生、道ばたなどに生える。ムラサキシメジよりも里に近いところに多い。

傘はなめらか。表側の色はしだいにあせて、黄色〜褐色になる

ひだは密。紫色で、古くなっても色味は変わらない

成長すると傘のふちは波打ち、ろうと状になる

ムラサキシメジよりひだは疎

若いきのこのほうが色は濃く、だんだん白っぽくなる

注 腐生菌・地
↑ムラサキシメジ
Lepista nuda
晩秋、雑木林や竹やぶに生える。きのこシーズン最後のきのこ。落ち葉を分解し、菌輪を描くことも多い。コムラサキシメジより肉厚だが、ほこりっぽく、粉臭がする。生で食べると胃腸系の中毒を起こす。

柄は短く、根もとは太い

全体に色がうすい

くらべるきのこ
紫色でまるっこいきのこ
食 ムレオフウセンタケ
→p.88

傘の色はムラサキシメジなどよりも濃く、幼菌はクモの巣状膜が目立つ

クモの巣状膜

注 腐生菌・地
ウスムラサキシメジ→
Lepista gravolens
秋、雑木林に生える。薬品のような強いにおいがある。酒と一緒に食べると手足がしびれたり、舌がもつれたりする。

傘の縁は波打つ

柄にすが入る

柄の根もとは太く、中にすがあることが多い

ひだは黄色

42

解説
発生する時期、発生場所を中心に、中毒情報、におい、味などのことも取り上げました。

写真は原寸大
実際の大きさがひと目でわかるように、写真は原寸大で掲載しています。ただし、きのこは発生の状況により、成育状態が異なることもあります。

サブ写真
原寸大写真で見えないようなところは、サブ写真を掲載しています。

*1) 和名、学名については、『日本産菌類集覧』(日本菌学会関東支部)、『山溪カラー名鑑 日本のきのこ 増補改訂新版』(山と溪谷社)、Index fungorum に原則従いました。
*2) 本書では、実際にどのように見えるかを重視して、材上生のものでも地面から生えているように見えるものは、「腐生菌・地」としました。

用語解説

本書では専門用語はなるべく避けて説明していますが、きのこの図鑑を読むときに知っておいてほしい用語を解説します。形態に関する用語はP.12〜17で写真とともに紹介しています。

分類に関する用語

担子菌類 ひだや管孔などに担子器という組織ができ、その先端に胞子がつく菌類。ハラタケ類、テングタケ類、ベニタケ類、イグチ類、ヒダナシタケ類、スッポンタケ類、キクラゲ類などが含まれる。本書ではp.26〜133のきのこ。p.141も参照のこと。

子のう菌類 子のうという袋の中に胞子ができる菌類。チャワンタケ類、アミガサタケ類、冬虫夏草類などが含まれる。本書ではp.134〜141のきのこ。p.141も参照のこと。

生活様式に関する用語

菌根菌 樹木と共生関係を結び、樹木の根と菌糸がつながって栄養のやりとりをする菌類。

腐生菌 落ち葉や枯れた木材を栄養源にする菌類。落ち葉を分解する「落ち葉分解菌」(モリノカレバタケなど)、倒木や切り株などに生えて木材を分解する「木材腐朽菌」(ツキヨタケ、エノキタケ、マスタケなど)に大きく分かれる。

寄生菌 生きた相手に寄生して、一方的に栄養を搾取する菌類。冬虫夏草類が代表的。

その他

子実体 きのこのこと。きのこの本体は菌糸で、繁殖の季節になると子実体をつくり、地上に現れる。胞子を作り、散布する器官。

胞子 次世代を作る生殖細胞の一種。有性的に生じるものと無性的に生じるものとがある。担子菌類の有性胞子を担子胞子、子のう菌類では子のう胞子という(本書ではどちらも略して胞子)。無性的に生じる胞子は分生子という。胞子は成熟すると色がつくことがあり、ひだや管孔などの色を変化させる。色はグループでだいたい決まっているので、見わける手がかりになる。本書では、胞子紋の色を胞子の色と表現した。

部位の名称

傘 担子菌類の柄の先端にあり、裏に、ひだや管孔などの胞子を作る器官(子実層)を備えている。

つば きのこが若いとき、ひだなどを保護している内被膜の名残。

頭部 子のう菌類の柄の先端にある部分。頭部の表面に胞子をつくる器官(子実層)を備えている。

傘の表面には、きのこが若いとき、外側をおおっていた外被膜の名残が、粉やいぼとして残っているものも多い。

傘の裏の形は、ひだ、管孔、針、しわひだなどがある。

柄 傘や頭部を支えている柱状のもの。ふつうは傘の中央にあるが、かたよっていることもある。

つぼ きのこが若いとき、外側をおおっていた外被膜が根元に残ったもの。

グレバ 胞子を含んだ粘液状の物質。スッポンタケ類の先端につく。丸いきのこ(腹菌類)の内側にある胞子の塊のこともグレバという。

見かけの形の詳細は「見わけのツボ」p.8〜17 参照。

子のう菌類 アミガサタケ

担子菌類 ベニテングタケ

担子菌類 スッポンタケ

きのこ観察の基本 10

きのこの探し方と、きのこを識別するうえで知っておきたい10項目です。

1 きのこの発生時期

きのこは、秋に発生することが多いが、実は1年を通じて見ることができる。桜の咲く時期は、アミガサタケやハルシメジが生える。梅雨のころからは、いろいろなきのこが増えはじめ、夏はイグチ類が旺盛だ。冬はきのこが少ないが、重要な食用きのこであるヒラタケやエノキタケが発生する。

アミガサタケは春のきのこの代表格

2 きのこの生える環境

きのこがどのように生活しているのか理解できると、きのこ探しが上手になる。きのこが好む植物の近くの地面、落ち葉やコケ類の間、切り株・倒木・枯れ木などに注目しよう。地面がササでおおわれている場所や、乾燥しているところは、きのこが少ない。⇒見わけのつぼツボ p.8、9

手入れがよく、下草があまり生えていない雑木林は、きのこ探しにおすすめの場所だ

3 近くに何の木があるか注目しよう

きのこは生活のしかたによって大きく、菌根菌、腐生菌、寄生菌の3つに分類される。多くのきのこは菌根菌で、生きた樹木の根と結合して栄養のやり取りをする。特定の植物と密接な関係にあるので、きのこを見つけた際は近くにどんな樹木が生えているかも確認しておきたい。⇒見分けのツボ p.10、11

ベニテングタケは、シラカンバなどカバノキ属の樹木の近くに生える

4 生える場所にも注目

地面から出るきのこを地上生、枯れ木などの木材から出るきのこを材上生という。地上生か材上生かは、きのこによってちがっているので、見わけのポイントになる。ただし、地面から出ているように見えても、地下の埋もれ木から出ている場合や、落ち葉の上から出ている場合などもある。

地面から生えるカキシメジは毒きのこ。よく似たシイタケは、材から生える

5 きのこは成長段階や乾燥状態によって様子が変わる

成長段階によって、色や形が変化するきのこもある。きのこが1つ見つかれば、まわりに同じきのこが生えている可能性も高い。できるだけ状態のちがう個体を複数確認するようにしよう。また、きのこは湿っているときと、乾燥しているときでは、色や粘性の状態などが、ちがっていることもある。

同じ種でも、幼菌から老菌まで大きさや形がさまざまに変化する（カバイロツルタケ）

6 きのこは根元から採集しよう

きのこは根元の形状も大事な識別ポイント。特にテングタケのなかまでは根元のツボの観察が重要だ。観察するときは、スコップなどを使い、根元から丁寧に採集しよう。また、触ると変色したり、表面のいぼや鱗片がとれてしまったりするものもあるので、きのこを傷めないように慎重に扱う。

きのこは、つかまないようにすると傷まない

7 採集したら、傘の表と裏、そして柄に注目

傘と柄のあるきのこの名前を調べるときは、傘の表と裏、柄に着目しよう。傘の表は色や模様、粘性や条線、鱗片の有無を、傘の裏はひだか管孔か針状かなどのほか、色や密度やつき方を、柄は模様、つばやつぼの有無などを総合的に見て判断する。肉に変色性があるものや、味や香りに特徴をもつものもある。⇒見わけのツボ p.12~17

傘の裏も大事なポイントだ。忘れずに確認したい

8 胞子の色はきのこのグループを判別するときの重要なポイント

胞子の色はグループごとに傾向があるので、きのこの判別に役に立つ。胞子の色は黄色や緑色などもあるが、大部分は白色、ピンク色、褐色、紫褐色、黒色の5色。成熟したきのこのひだは、胞子の色に染まっていることが多いので胞子の色を推測するヒントになる。⇒見わけのツボ p.15

紙の上に傘をおき、コップなどでおおっておくと胞子紋がとれる。紙が白いほうが微妙な色も区別できる

9 名前のついていないきのこもたくさんある。むやみに食べてはいけない

正確に種を判別するには、顕微鏡観察が必要なきのこも多い。また、日本には約1万種のきのこがあると推定され、そのうち名前のついているものは約3分の1しかない。確実に判断できないものや、名前がつかないものをむやみに食べてはいけない。また、毒きのこ全てを簡単に見わけられる方法はない。1つ1つきちんと覚えていくことだ。

真っ赤でよく目立つベニタケの仲間。種を判断するのは困難な場合が多い

10 上達には、観察会に参加するのが一番の近道

きのこを1人で覚えるのは大変だ。各地で開かれている観察会に参加して、詳しい人に教わるのが上達の一番の近道だろう。見聞きしたことは図鑑で復習すると効果的だ。また、地元で採れたきのこの販売所は、さまざまなきのこが見られるので勉強になる。

観察会のようす。たくさんの目で探すと、いろいろなきのこが一度に見つかる

見わけのツボ

きのこを探したり、採集したきのこの名前を調べるとき、知っておくと役に立つ着眼点について紹介します。特定のきのこを探したいときは、そのきのこが生える環境を、あらかじめ調べておくと見つけやすくなります。きのこの名前を調べたいときは、生えていた環境や生え方を記録しておくとよいでしょう。

見わけのツボ ❶ 生え方篇

どこから生えていた？

生活のしかたに着目すると、きのこは、腐生菌と菌根菌、寄生菌の3つに大きくわかれます。腐生菌は枯れた樹木などを分解し、そこから栄養を吸収してくらしています。菌根菌は分解するだけでなく、分解した栄養を樹木にわけ与え、代わりに別の栄養をもらっています。この生活のしかたのちがいによって、生える場所がちがっています。

材から

腐生菌・材
腐生菌のなかでも、倒木などの材を分解するきのこ（木材腐朽菌）は、倒木や切り株などの上に生える。写真はヒラタケ。

地面から

腐生菌・地
腐生菌のなかでも、落ち葉を分解するきのこは地面から生えているように見える。落ちた枯れ枝や、地中に埋もれた木から生えるものもある。写真はハナオチバタケ。

菌根菌
菌根菌は、樹木の根と菌糸がつながっている。きのこは地面から生える。写真はドクベニタケ。

木や林はなんだった？

腐生菌は、広くいろいろな材を分解するものもありますが、ある程度、好みのあるものもあります。菌根菌も、広くいろいろな樹木と共生関係をもつものもあれば、好みがはっきりしているものもあります。きのこと関係の深い樹木は、p.10～11で紹介しています。

タモギタケ 腐生菌・材
ヤチダモやニレなどから生えることの多いきのこ。

カンゾウタケ 腐生菌・材
スダジイなどから生えることの多いきのこ。

マツタケ 菌根菌
アカマツ林やコメツガ林に生えるきのこ。

ムラサキヤマドリタケ 菌根菌
おもにコナラ、スダジイなどのブナ科の広葉樹林に生える。

生え方のいろいろ

単生
1本だけで生える。

カバイロツルタケ

群生
せまい範囲に数本がまとまって生える。

オオシロカラカサタケ

束生
1箇所から柄が何本にもわかれて生える。

エノキタケ

菌輪
地上に輪を描くように生えた状態を菌輪という。
菌輪が大きくなりすぎたときなどに、一部分だけが列をつくっているように見える。

モリノカレバタケの仲間の菌輪の一部

きのこ観察のための 樹木図鑑

きのこの多くを占める菌根菌は、特定の樹木と栄養のやり取りをしています。ブナ科、マツ科、カバノキ科の樹木とは、特に関係が深いので、細かな種類の識別はできなくても、以下のどのなかまかわかると、きのこを調べるときに便利です。

シイ・カシのなかま（ブナ科）

常緑広葉樹で、海岸から低山に普通。分厚くつやのある葉をもち、ドングリをつけます。日本では、植栽地以外の常緑広葉樹林の多くはシイ・カシを主体とする林です。

スダジイ

葉裏は光沢のある褐色　　樹皮は縦に裂ける

シラカシ

カシ類には、葉の縁にギザギザのないものもある　　比較的なめらかな樹皮

ナラのなかま（ブナ科）

落葉広葉樹で、低地から山地に普通。葉はシイ・カシのなかまよりうすくて明るい緑色。代表的な2種がここに掲載したコナラとミズナラで、いずれもドングリをつけます。

コナラ

葉の縁のギザギザが目立ち、葉は先の方で幅広くなる　　樹皮は縦縞模様

ミズナラ

葉はコナラによく似ている　　樹皮は縦に裂ける

ブナのなかま（ブナ科）

落葉広葉樹で、おもに山地に生えます。葉も樹皮も特徴的でわかりやすい。

ブナ

葉の縁の波のような形が特徴　　樹皮は地衣類がついて白っぽいまだら模様

カバノキのなかま（カバノキ科）

落葉広葉樹で何種類かあり、ここに挙げた2種は幹が白っぽく山地〜亜高山帯に生えます。

シラカバ

葉は三角形状で縁にギザギザがある　　樹皮は白く「へ」の字模様がある（左）よく似たダケカンバは橙色を帯びる（右）

マツのなかま（マツ科）

針葉樹で、日本のマツのなかまは、1箇所から2本の葉が出る2針葉松と、1箇所から5本の葉が出る5針葉松があります。

アカマツ

アカマツの樹皮は赤味を帯びる（左）
ゴヨウマツの樹皮は網目状に裂ける（右）

葉は1箇所から2本ずつ出る

ツガのなかま（マツ科）

尾根や岩場に多い。葉先は尖らずややへこみます。
日本にはツガとコメツガの2種類あり、よく似ています。

コメツガ

葉は短めで、実が下向きにつく

樹皮は縦～網目状に裂ける

モミ・シラビソのなかま（マツ科）

葉はツガのなかまと同様に、枝に羽状につきます。
ツガの仲間とのちがいは、実が上向きにつくことです。

モミ

葉は硬く、先は尖る

樹皮ははじめなめらか、のち網目状に裂ける

シラビソ

葉はモミより立体的につく

樹皮は灰白色で、なめらか

カラマツ（マツ科）

日本で唯一、落葉する針葉樹で山地に生えます。枝先の葉はらせん状につき、枝の途中の葉は、1箇所から数十本が束生します。

カラマツ

葉は柔らかく、触っても痛くない

樹皮は網目状や縦に裂ける

トウヒのなかま（マツ科）

亜高山帯に生える針葉樹。葉先は1本で尖り、実は下向きにつきます。

トウヒ

尖った葉が枝にらせん状につく

樹皮は網目状に裂ける

11

見わけのツボ ② 傘の表篇

傘の表の状態にはいくつものバリエーションがあります。覚えておくと図鑑で調べるときなどに便利です。

手触りと模様

粘性をのぞいて、突起や付着物ではなく、傘の表皮構造に由来する傘自体の手触りと模様です。粘性の強さには、含まれている水分の量も影響します。

粘性
粘液で、ペタペタしたり、ぬめったりする。

ナメコ

フェルト状
フェルトを触っているような手触り。

ドクヤマドリ

繊維状
繊維状の模様は、表面には飛び出ていない。

クロタマゴテングタケ

環紋
傘全体に現れる輪の模様。

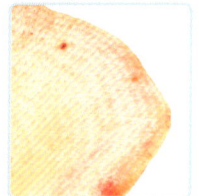
アカモミタケ

さまざまな線

おもに傘のふちに見られる線状の模様です。条線は平面的なものも含みますが、それ以外は立体です。

※本書では、条線は平面的なものの表現に用いました。

条線
傘のふちにあらわれる線。溝線も含む。

ベニヒダタケ

溝線
傘のふちにあらわれる立体的な線。

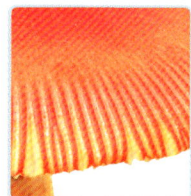
タマゴタケ

粒状線
溝線の間にさらに立体的な点がある。

クサハツモドキ

扇状の溝線
扇のようにふちに上下がある。溝線の著しいもの。

キツネノハナガサ

外被膜が変化

若いとき、きのこ全体をおおっていた外被膜が、成長にしたがって割れたり裂けたりすることで生じる付着物で、本書では「いぼ」と呼びました。

粉状
細かい粉状で、触れると粉が手に着く。

ヒメコナカブリツルタケ

綿状のいぼ
ふわふわとした綿状。

フクロツルタケ

膜状からとげ状のいぼ
平たいもの、尖ったものなど、さまざまな形がある。

イボテングタケ

ひび割れなど

成長にしたがって、きのこの傘の表皮自体が割れたり裂けたりすることで生じたり、あらわになったりするものです。

ひび割れ
表皮がひび割れたもの。肉が見えることもある。

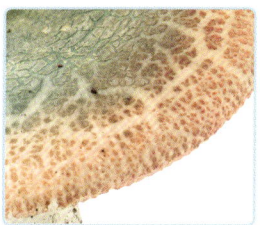
フタイロベニタケ

繊維状鱗片
本体が大きくなり、繊維がはがれたもの。

マツタケ

鱗片
表皮が割れて、ささくれたもの。落ちやすいものもある。

ツノシメジ

外見のちがいのいろいろ

図鑑には成長した美しい状態のきのこしか掲載されませんが、フィールドではさまざまな成長段階のきのこと出会います。また、水分の状態によっても印象は大きく変わります。

成長による変化

成長の段階で、形がずいぶん変わるものもあります。特に傘は変化の大きい部位です。

ベニテングタケ

外被膜

つぼ

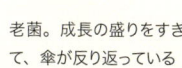
つば

幼菌。全体が外被膜におおわれている

傘に外被膜の破片が残り、根元につぼができた。ひだはまだ内被膜におおわれている

成菌。内被膜がはがれて、つばになっている

老菌。成長の盛りをすぎて、傘が反り返っている

カブラテングタケ

幼菌では球のようだった傘は、老菌になると平らになる

ナメコ

若いときは粘液が多いが、老菌になると少なくなる

晴れの日、雨の日

粘液は水を含むと量が増えます。
きのこのなかには、吸水すると色が変わるものもあります。

ヌメリササタケ

乾いているとき

湿っているとき

乾いていると傘の粘性は見た目にはわからないが、湿ると粘液が増えてしたたり落ちるほどになった

センボンサイギョウガサ

雨上がりに同じ場所で採集したきのこでも、吸水の程度によって色がちがう

乾き始めているところは、明るい色

水分の多いところは、色が濃い

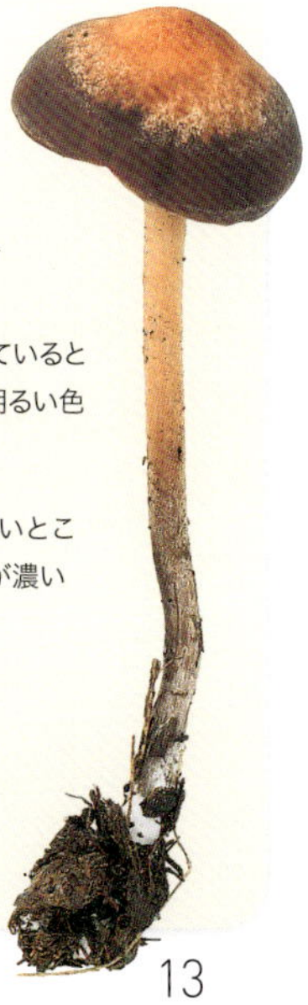

13

見わけのツボ **3** ## 傘の裏篇

傘の裏の状態は、傘の表ほどバリエーションはありません。
代表的な、ひだ、管孔、針、しわひだを紹介します。

ひだ

ハラタケ目、ベニタケ目などのきのこの傘の裏は、ふつうはひだです。密度や柄へのつき方などにバリエーションがあります。ひだの天地の長さのことを幅といいます。

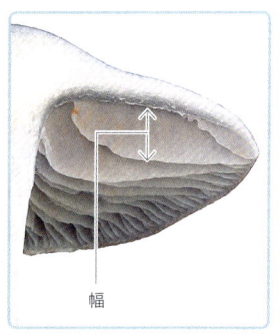
ムラサキアブラシメジモドキ

ひだの密度
決まった基準はないが、多いと「密」、少ないと「疎」、中間くらいを「やや密」「やや疎」と表現する。

密
ウラムラサキシメジ

疎
カレバキツネタケ

垂生
ひだが柄に、流れるようにつくことを「垂生」といいます。

垂生
ホテイシメジ

特徴のあるひだ

ふちどり
オオツルタケ

ぎざぎざ
マツオウジ

ロウ質
アカヌマベニタケ

管孔

イグチ目、タマチョレイタケ目などに見られます。
管孔の先端部分を「孔口」と呼びます。

傘の断面

管孔／孔口
ムラサキヤマドリタケ

孔口の大きさ
孔口の大きさには、ちがいがあります。

小型
ハンノキイグチ

大型
ウツロベニハナイグチ

針

イボタケ目やアンズタケ目、一部のベニタケ目などに見られます。

カノシタ

しわひだ

はっきりとしたひだではなく、しわが寄ったようなひだです。アンズタケ目やラッパタケ目などに見られます。

ラッパタケの仲間

ひだや管孔の色

ひだや管孔は胞子を作る器官です。胞子が成熟して色づくと、ひだや管孔も色を帯びます。

色が変わらない　胞子が白色だと、ひだや管孔の色は変わりません。

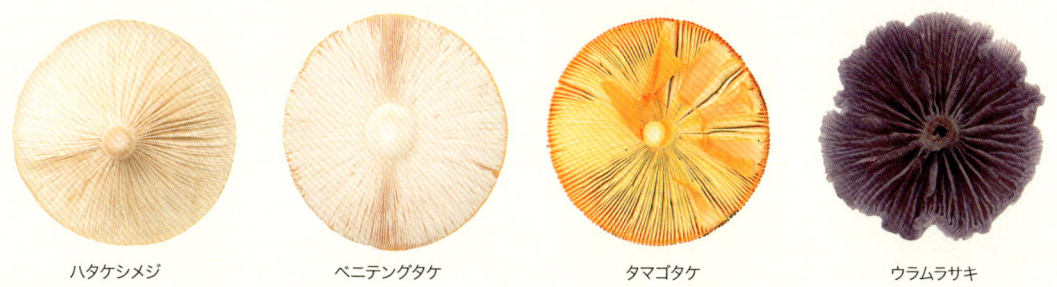

| ハタケシメジ | ベニテングタケ | タマゴタケ | ウラムラサキ |

色が変わる　胞子が有色だと、ひだや管孔の色が変わります。

肉色（ピンク色） → クサウラベニタケ

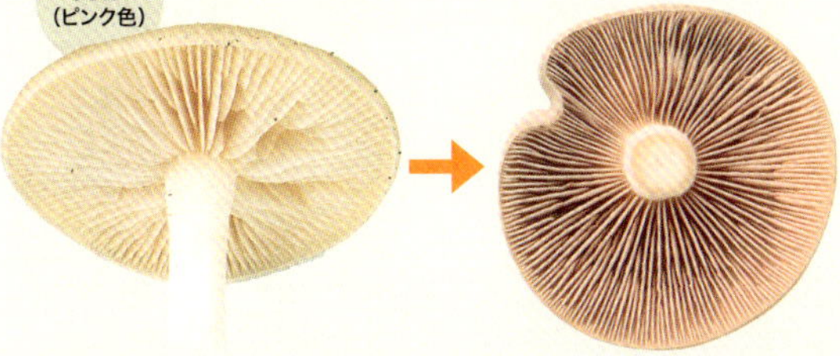

黄褐色 → ムラサキヤマドリタケ

緑色 → オオシロカラカサタケ

褐色 → ナメコ

黒褐色 → → ザラエノハラタケ
（この場合、赤色を経て黒褐色に変化）

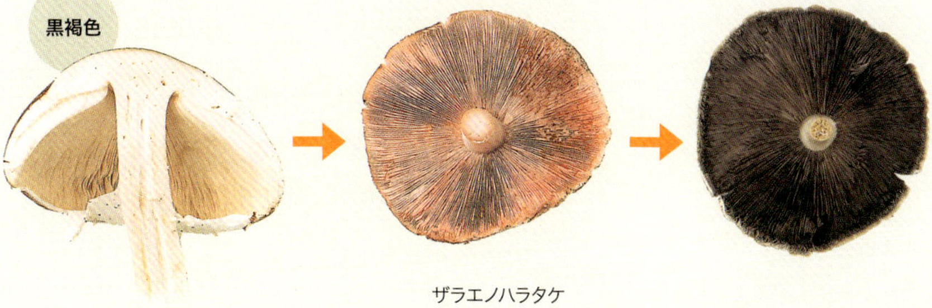

しみが出る
古くなると、ひだにしみがあらわれるのが特徴のきのこもあります。

カキシメジ

見わけのツボ ④ つば・柄・つぼ篇

柄は傘を支えるところです。つばとつぼのほか、柄そのものにも特徴があります。

つば

きのこが若いとき、ひだや管孔を保護している内被膜の名残です。傘が開くと、ふちから離れて柄にたれ下がります。つばの上と下では、柄の状態がちがうことがあります。

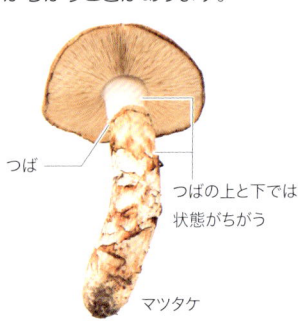
つば／つばの上と下では状態がちがう／マツタケ

膜質
強度があり、長い期間、残りやすい。

ベニテングタケ

つばのふちに、色がついているものもある。

イボテングタケ

ふわふわしていて、脱落しやすいものもある。

マントカラカサタケ

可動
柄にリング状につき、上下に動かすことができる。

カラカサタケ

クモの巣状膜
クモの糸を張ったような内被膜。つばは消えやすいが、胞子が付着すると目立つ。

内被膜として、ひだをおおっている状態（ムレオオフウセンタケ）。

つばとなったあとで、胞子が付着して色がついた（ムラサキアブラシメジモドキ）。

柄

傘を支えている柱状の構造です。表面の状態には、さまざまなバリエーションがあります。内部が空洞のものは「中空」、詰まっているものは「中実」とよびます。

繊維状	細点	粒状点	綿くず状鱗片	だんだら模様	だんだら模様	網目模様	あばた模様（クレーター）	中空
オオキヌハダトマヤタケ	オキナクサハツ	キンチャヤマイグチ	フクロツルタケ	タマゴタケ	カラカサタケ	キアミアシイグチ	ウスキチチタケ	オオツルタケ

つぼ

きのこが若いとき、外側をおおっていた外被膜が根元に残ったものです。どのようなつぼになるかは外被膜の質に左右され、「壺」のイメージとは異なる環状に付着しただけのものもあります。

膜質袋状
外被膜に強度があると深いつぼになる。

タマゴタケ

えり状で浅い
内側が柄に付着し、離れている部分はわずか。

シロコタマゴテングタケ

環状
強度が弱いと、つぼが割れて環状のいぼになる。

ベニテングタケ

綿くず状
綿質だと、しみのような環状のいぼになる。

キリンタケ

内被膜がつばになるまで

ヤナギマツタケ

内被膜

胞子が落ちて、茶色くなったつば

きのこが若いうちは、傘のふちとくっついて、ひだを完全におおっている。

成長して傘が大きくなると、ふちから離れてつばになる。

成熟した胞子が付着して、つばの上面が色づくこともある。

見わけのツボ ❺ そのほかの見わけのツボ

きのこのなかには、新鮮なときは分泌物を出したり、色が変わったりするものもあります。すべてのきのこに見られることではないので、名前を調べる手がかりになります。

分泌物
自然に分泌されるものと、傷つくと分泌されるものがあり、乾いたあとでしみになるものもあります。

ホシアンズタケ
赤褐色の透明感のある水分を分泌する。

チチアワタケ
若いとき、管孔から黄白色の乳液を分泌する。

チチタケ
傷つくと白色の乳液を分泌する。乾くと褐色のしみになる。

ハツタケ
青緑色のしみ
傷つくと暗赤色の乳液を分泌する。しだいに青緑色のしみになる。

変色
傷ついたときだけでなく、指で触れたところが変色するものもあります。変化する色や変色のスピードもちがいがあります。

オニイグチ類
まず赤色になり、やがて黒色になる。

バライロウラベニイロガワリ
青色に変色する。

キウロコテングタケ
傷ついたときや古くなったときに黄色になる。

アカヤマタケ
手で触れたり、古くなったりすると黒色になる。

きのこ観察のための きのこ狩り

きのこの名前を知りたいときの採集方法です。なるべく全体を、また、新鮮な状態を保ったまま持ち帰ります。採集したその場でも観察を行い、発生環境を記録します。

道具
きのこの観察と採集には、下記のような道具があるとよいでしょう。山に入るときは、登山の服装をし、地図、雨具、水、行動食、クマ避けの鈴などの準備もしてください。

採集に使う
移植ごて、はさみ、のこぎり、カッターナイフなど

持ち帰るのに使う
プラスチックのふたつきの容器、マチのある紙袋やチャック付きポリ袋など

記録や観察に使う
筆記用具、カメラ、ルーペなど

採集と持ち帰り方

1 生えている状態で観察
きのこを見つけたら、採集する前に生えている状態で観察しましょう。写真も、さまざまなアングルから撮影しておくとよいでしょう。

2 根元から採集する
きのこの同定には根元の観察も大切です。根元は、落ち葉や地面などに埋もれていることもありますが、移植ごてなどでていねいに採集します。倒木や枝に生えているときは樹皮ごとはがしたり、余分な枝を切ったりして全体を持ち帰ります。ただし、自然環境を荒らさないようにしましょう。

3 色や分泌物、においはその場で確かめる
傷ついたときの色の変化や乳液の分泌は、新鮮でないとあらわれないこともあります。また、においが特徴のきのこもあります。いずれもその場で確かめましょう。

4 容器に入れる
運搬中にきのこが汚れてしまわないように、余分な土をざっと落としてから容器に入れます。気温が高いときは、蒸れて傷まないように、ふたをずらして通気性を確保しましょう。直射日光も避けましょう。

5 種類によって容器をわける
採集したきのこは、なるべく1種類ずつ容器に入れます。1日に何か所かで採集するときは、同じきのこでも採集地ごとに容器をわけます。容器には採集地をメモした紙を貼るなどして、混ざらないようにしましょう。

6 植物を確かめる
きのこを調べるのに植物の情報は欠かせません。林の樹種も確かめましょう。名前がわからないときは、いっしょに葉を持ち帰ったり、樹皮を写真にとったりして、あとで調べられるようにします。

7 すぐに調べられないときは冷蔵庫へ
きのこは傷みやすいので、特に暑い季節は持ち帰ったきのこを室温に放置してはいけません。すぐに調べないときは、冷蔵庫に入れて保管します。

根元を損なわないように採集する。

きのこが壊れないように、プラスチックの密閉容器など立体空間を確保できる容器で持ち帰る。不織布や植物の葉などをはさむとクッションになる。粘性の強いきのこは、紙袋だとくっついてしまうことがある。やはり不織布などを間にはさむと、はりつくのを防ぐことができる。

おもなきのこの検索表
総合検索

以下は、本書に掲載したおもなきのこのグループを、形や色から検索するためのものです。きのこの分類は、顕微鏡的形態も重視しているため、肉眼的形態だけで分けるとどうしても例外が出てきます。それでも、グループごとにある程度は肉眼的形態から見た共通の特徴があるので、その特徴を覚えておくと、どのグループか見当をつけることができます。まずは以下の総合検索から進んで、次にp.20以降の詳細検索に進んでください。

① きのこらしい形のきのこ

1-A 傘の裏はひだ→おもにハラタケ、ベニタケのなかま。 → p.20へ

1-B 傘の裏は管孔（スポンジ状）→イグチ、タマチョレイタケのなかまなど。 → p.22へ

管孔＝スポンジ状の小さなあな

1-C 傘の裏はしわひだ、針状→アンズタケ、ラッパタケ、イボタケのなかまなど。 → p.22へ

  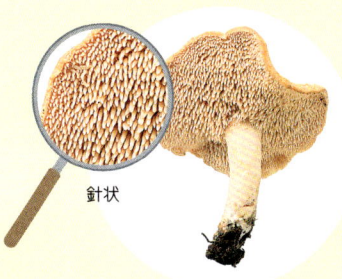

しわひだ　　目立たないしわひだ　　針状

② 変な形のきのこ

→マイタケ、スッポンタケ、ホウキタケ、キクラゲのなかまなど。
→ p.23へ

1-A 傘の裏はひだ

ここに該当するのはおもにハラタケ類やベニタケ類です。ハラタケ類は縦に長い細胞が束になっていて縦に裂けやすいのに対し、ベニタケ類は球形の細胞がまじるため、質がもろく、一方向にのみ裂けないことで区別できます。

柄がない、または柄が傘の中心からずれてつく

ヒラタケ科→p.26、27
ひだや胞子は白色系。枯れ木などから生える

スギヒラタケ→p.27
ひだや胞子は白色系。おもにスギの材に生える

ムキタケなど→p.28、29
ひだや胞子は白色系。枯れ木などから生える

つばがある（つぼはない）

つばの形状はさまざま
→見わけのつぼp.16

マツタケ、モミタケなど→p.36～39
ひだも胞子も白色

カラカサタケなど→p.66、67
多くはひだと胞子が白色

ザラエノハラタケなど→p.68、69
草地に生える。胞子は白色や黒褐色

コガネキヌカラカサタケなど→p.70、71
透明感がある。胞子は白～クリーム色

ナラタケのなかま→p.76
材上に束生する。ひだは黄～肌色

スギタケのなかま→p.78～81
鱗片のあるものが多い。胞子はさび褐色

モエギタケなど→p.82
落ち葉や材から出る。胞子は黒っぽい色

フミヅキタケなど→p.83
落ち葉や材から出る。胞子は褐色

フウセンタケ科→p.88～93
幼時、クモの巣状膜がある。胞子はさび褐色

オウギタケなど→p.99
ひだは垂生する。イグチのなかま

つぼがある

つぼの形状はさまざま
→見わけのつぼp.16

オオフクロタケなど→p.50、51
胞子はピンク色で、ひだは白色からピンク色になる。つばはない

テングタケ科→p.52～65
つぼとともに、つばももつものが多い。ひだは白色のものが多く、胞子も白色

つぼはない、つばもないか目立たない

胞子は白～クリーム色

モリノカレバタケなど→p.29
落葉の層などから発生。ひだも白色系

ヒドナンギウム科→p.31
ひだは厚く疎で、ロウ質のものが多い

ホウライタケ科→p.32
ひだは疎。落ち葉や材を分解する

クヌギタケ科→p.33
傘は小型で、長めの柄をもつものが多い

サクラシメジのなかま→p.34
ひだは垂生する場合が多い

アカヤマタケのなかま→p.35
ひだはロウ質で厚い

キシメジのなかま→p.38～43
束生するものは少ない

シメジのなかま→p.44、45
束生するものが多い

カヤタケのなかま→p.47
ろうと形でひだは垂生する

エノキタケなど→p.74、75
材に生え、束生することが多い

ツエタケのなかま→p.74
柄が、地中に長く伸びるものがある

ベニタケ科→p.94～98
肉は一方向にのみ裂けない

胞子はピンク系の色

イッポンシメジ科→p.48、49
ひだは胞子の成熟とともにピンク色になる

ウラベニガサ科→p.50、51
ひだはピンク色になる。材上生のものが多い

胞子は褐色～黒色

ナヨタケ科→p.72、73
傘はつり鐘のような形

クリタケのなかま→p.77
束生するものが多い。傘のふちに外被膜の名残

チャナメツムタケなど→p.79～81
つばがあるが早く落ちる。傘に鱗片がある

シビレタケのなかま→p.84
柄が細く、触ると青変するものが多い

ワライタケなど→p.85
馬糞があるような草地に生える

アセタケ科→p.86
傘の表面は繊維状で、傘の中央が突出することが多い

フウセンタケ科→p.88～93
幼時、クモの巣状膜があるが、成長すると目立たないことも

1-B 傘の裏は管孔

傘の裏が管孔で、やわらかいきのこの多くは、イグチのなかまです。アミスギタケやマゴジャクシ、サルノコシカケは傘の裏が管孔ですが、イグチ類とはちがうなかまのきのこです。

傘の裏は管孔

イグチのなかま → p.100〜115
肉質は厚く、管孔が発達する。ほとんどが菌根菌。傘の粘性や質感、色、柄の網目模様や粒点の有無、管孔の色などで区別する

アミヒカリタケ → p.33
材から生える光るきのこ

クロカワなど → p.120
イグチに似るが、管孔は発達しない

アミスギタケなど → p.120
肉質はうすく、全体に華奢

マゴジャクシなど → p.120、121
材から生えて柄があり、かたい

カンゾウタケ → p.30
柄がなく、やわらかい。傘を重ねない

コフキサルノコシカケ → p.121
柄がなく、かたい。傘を重ねない

1-C 傘の裏はしわひだ、針状

種類は多くないので、この特徴に気づけば、だいたいどのグループか特定できます。おもにアンズタケやイボタケ、ラッパタケなどのグループです。

傘の裏はしわひだ

アンズタケ、ラッパタケなど → p.116、117
柄に垂生するしわひだをもち、ラッパ形のものなど

傘の裏は針状

カノシタ、コウタケ、マツバハリタケ、ブナハリタケなど → p.118、119、122
傘の裏に針が下がるきのこ

変な形のきのこ

丸かったり、棒のようだったり、茶椀のようだったりと、少し変わった形のきのこです。

傘を重ねるきのこ → p.122〜125
マイタケ、カワラタケ、ニンギョウタケなど

丸いきのこ → p.126、127
ホコリタケ、ショウロ、ツチグリなど

スッポンタケ形 → p.128、129
スッポンタケのなかま

こん棒状、サンゴ状、ホウキ状 → p.130、131
ナギナタタケ、ホウキタケなど

キクラゲ形 → p.132、133
キクラゲのなかま

茶椀形 → p.134、135
チャワンタケ、オオゴムタケなど

ハチの巣状、くら状 → p.135〜137
アミガサタケ、ノボリリュウタケなど

そのほか、子のう菌類 → p.138、139
ズキンタケ、コウボウフデなど

冬虫夏草 → p.140、141
昆虫などに寄生して生えるきのこ

原寸大図鑑

よく似たきのこを原寸大でくらべて紹介します。掲載順は、おおむね胞子が白いものから濃いものへ順に並んでいますが、外見の似ている種類をくらべているため、一部例外もあります。

ヒメカバイロタケ

●ヒラタケ科など
ヒラタケ、タモギタケなど

柄はないか、あっても短く、かたよっている場合がほとんど。傘の裏はひだで、いくつかの傘が重なる。ひだは多くは白色系で、胞子も白色系。どれも腐生菌で、枯れ木などから生える。食用となるきのこが多い。

原寸大図鑑　ハラタケ目

- 肉はウスヒラタケより厚い
- 傘はなめらかで、何枚も重なる

食　腐生菌・材
←ヒラタケ
Pleurotus ostreatus

晩秋〜早春、広葉樹の枯れ木や倒木に生える。寒い季節のきのこで、「寒茸」とも呼ばれる。平地では関東以北。

- つけ根の断面に、ツキヨタケのような黒いしみはない
- ひだは白色〜あわい灰色
- つけ根に、ツキヨタケのようなつば状の隆起はない

くらべるきのこ

毒きのこのツキヨタケに注意

毒 **ツキヨタケ**→p.28
発光するので、暗いところで確認できる。柄の断面にしみがある。
- 黒いしみ

食 **ムキタケ**→p.29
- 表皮はむけやすく、毛が生えている
- しみはない

ヒラタケよりも、水っぽい感じがする。

26

食 腐生菌・材
ウスヒラタケ→
Pleurotus pulmonarius

春〜秋、広葉樹の枯れ木や倒木に生える。ヒラタケよりも暖かい季節のきのこ。肉は粉くさいことがある。

ヒラタケより肉がうすく、傘の色はあわい

ひだは白色で、古くなると黄ばむ。垂生する

食 腐生菌・材
→タモギタケ
Pleurotus cornucopiae var. *citrinopileatus*

春〜秋、ヤチダモ、ハルニレなどの広葉樹から生える。ゆでると白っぽくなるが、肉に弾力が出る。独特なにおいもする。

傘はなめらかで、中央はへこむ

ひだは白色ののちやや黄ばむ。垂生する

長めの柄が、傘の中心から生える

食 腐生菌・材
→トキイロヒラタケ
Pleurotus djamor

初夏〜秋、広葉樹の枯れ木に生える。特にフジに多い。肉は強靭で、古くなるとすじっぽくなる。胞子はピンク色。

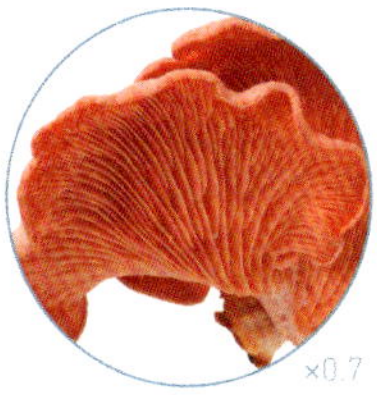

ひだもピンク色で、垂生する

古くなると白っぽくなる

傘はなめらかだが、綿毛があることもある

ふちはうねる

毒 腐生菌・材
スギヒラタケ→
所属科未確定
Pleurocybella porrigens

秋、おもにスギの古い切り株に生える。以前は食用とされていたが、近年になって有毒であることがわかった。特に腎機能が低下している場合に急性脳症になりやすいが、腎機能が正常でも死亡例がある。

ひだは白色で垂生する。柄はない

傘はなめらかだが、つけ根に毛がある

27

●ツキヨタケ科、ガマノホタケ科
ツキヨタケ、シイタケ、ムキタケなど

ツキヨタケ科は、発光する毒きのこのツキヨタケに代表されるが、食用のシイタケも同じグループ。ひだや胞子は白色系。どれも腐生菌で、枯れ木などから生える。

原寸大図鑑　ハラタケ目

傘の色には変異がある

ひだは垂生で、淡黄色から白色になる

柄のつけ根が、つば状に隆起

柄はとても短い

傘に小鱗片

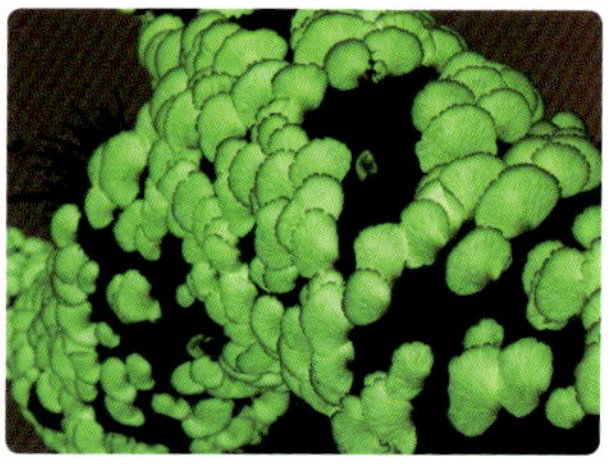

柄のつけ根にしみ

ひだは、暗いところで発光する

毒 腐生菌・材
↑ツキヨタケ　ツキヨタケ科
Omphalotus japonicus

夏～秋、ブナなどの枯れ木に生える。傘を重ねるように群生。毒は胃腸系で、ヒラタケ、ムキタケ、シイタケと特にまちがえやすい。

くらべるきのこ

シイタケとまちがえやすい毒きのこ

毒 カキシメジ→p.39

材から生えるシイタケとちがって、地面から生える。においも、あまりしない。

傘は深くひび割れることもある

傘に綿毛状の鱗片。粘性はない

食 腐生菌・材
シイタケ→
ツキヨタケ科
Lentinula edodes

春と秋、シイ、ミズナラ、クヌギなどの広葉樹の倒木や切り株に生える。乾くと独特の香りがする。毒きのこのカキシメジ、ツキヨタケを本種とまちがえやすい。

傘は湿ると粘性がある

つばは綿毛状で消えやすい

ひだは白色。古くなると褐色のしみができる

ひだの色はツキヨタケと似ている

つけ根に、ツキヨタケのようなつば状の隆起はない

傘に細かい毛が生えている

表皮の下はゼラチン質で皮がむけやすい

つけ根に、ツキヨタケのような黒いしみはない

食 腐生菌・材
↑ムキタケ ガマノホタケ科
Sarcomyxa edulis
晩秋、ブナやミズナラの枯れ木に重なるように生える。毒きのこのツキヨタケとまちがえやすい。

傘の色がムキタケより濃い

食 腐生菌・材
←オソムキタケ ガマノホタケ科
Sarcomyxa serotina
晩秋、広葉樹林に生える。発生時期が遅いため、ムキタケと同じところに生えていても、まだ幼菌であることが多い。以前はムキタケと混同されていた。

中央がくぼむ

湿ると条線が出る

腐生菌・材
ヒメカバイロタケ→
ガマノホタケ科
Xeromphalina campanella
夏〜秋、マツの枯れ木に束生する。

全体に白いが、古くなると褐色のしみができる

柄は中空

食 腐生菌・地
←アカアザタケ ツキヨタケ科
Rhodocollybia maculata
夏〜秋、ブナが生えるような標高の高いところの腐葉土から生える。関東以西の平地には見られない。肉が締まっていて、見た目よりも重みがある。食用になるが、体質により中毒することもある。

傘表はクリーム色のものもあり、変異がある

柄は中空

腐生菌・地
←モリノカレバタケ
ツキヨタケ科
Gymnopus dryophilus
春〜秋、針葉樹林や広葉樹林の落ち葉の上に生える。群生し、菌輪をつくることもある。

● カンゾウタケ科
カンゾウタケ

傘の下は管孔で、コフキサルノコシカケやカンバタケなどのあるタマチョレイタケ目（→ p.120）のきのこに似ているが、管孔は1本1本独立した管でできている。肉はやわらかい。カンゾウタケは柄がなく、木の幹などから直接生える腐生菌。

幹の太いシイの古木にいくつも生えた

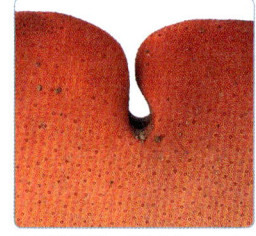

傘の裏は管孔。はじめは黄白色〜あわい赤色だが、のちに暗赤色となる。細い管の集まりで、乾燥するとばらばらになる

断面はしもふり肉のよう

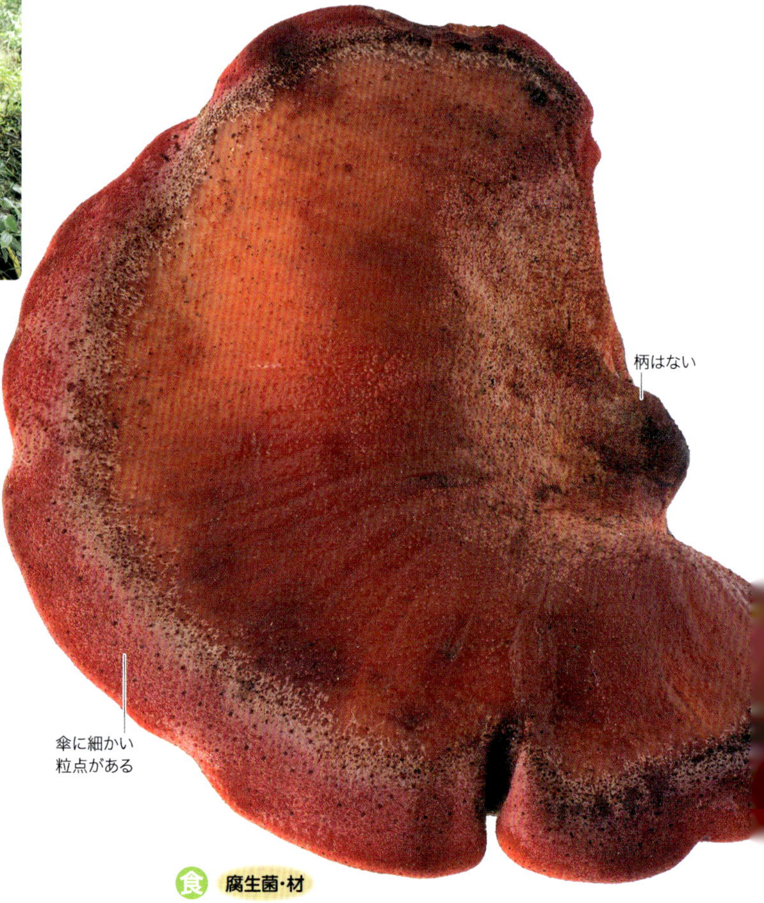

くらべるきのこ

とてもかたくてカバノキに生える
カンバタケ→p.121

表は茶色でなめし革状

裏は白色

柄はない

傘に細かい粒点がある

食　腐生菌・材

↑カンゾウタケ
Fistulina hepatica

初夏と秋、シイなどに生える。直径の太い古木に多く、材を褐色にくさらせる木材腐朽菌。切ると赤い汁がにじみ、肉には酸味がある。

●ヒドナンギウム科
オオキツネタケ、カレバキツネタケなど

全体に紫色っぽいものが多い。ひだは厚くて疎で、ロウ質のものが目立つ。胞子は白っぽい。ひだはもともと色があるので、胞子の色の影響は受けない。どれも菌根菌。オオキツネタケ、カレバキツネタケ、ウラムラサキは肉眼で見わけられる。

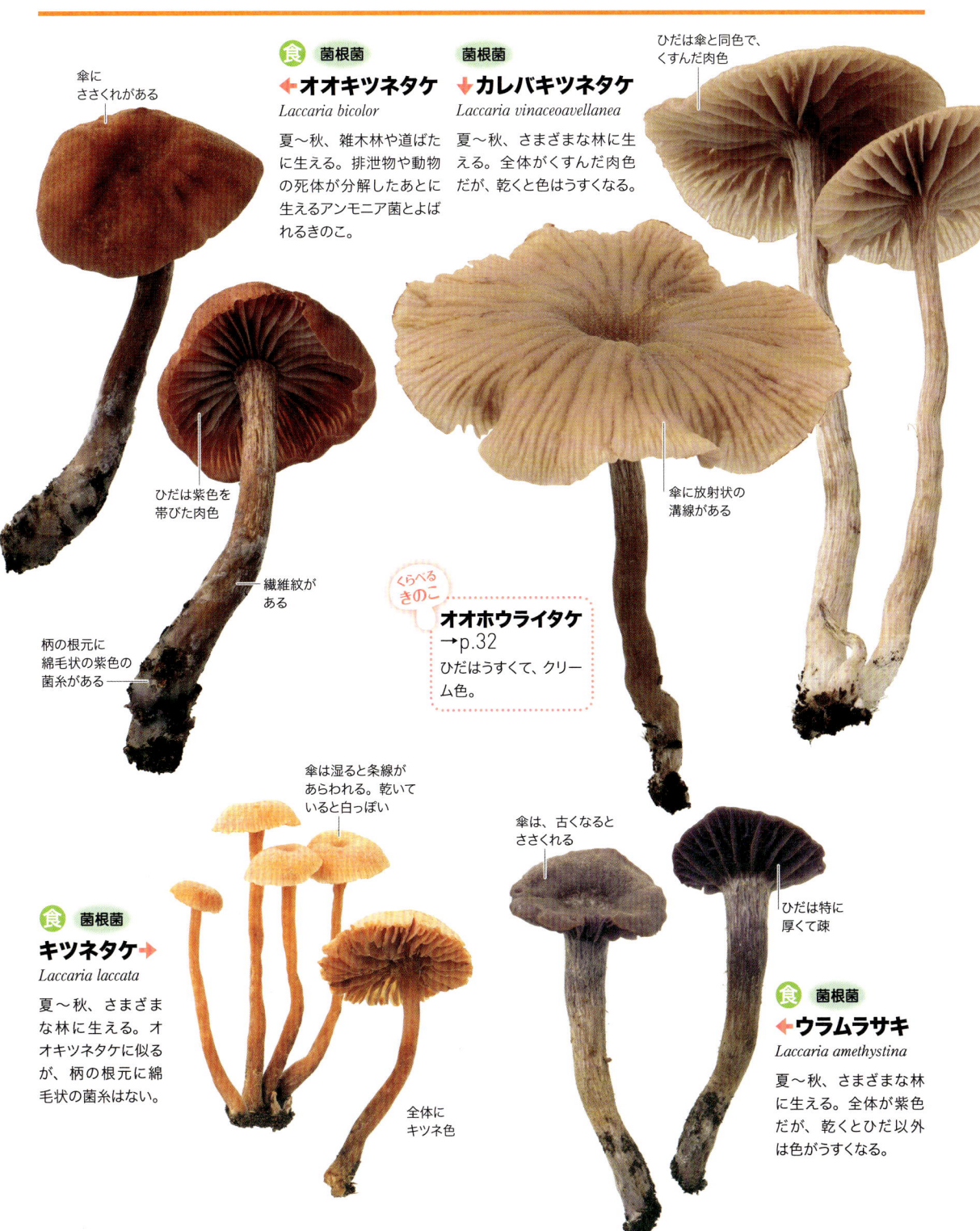

食 菌根菌
←オオキツネタケ
Laccaria bicolor

夏〜秋、雑木林や道ばたに生える。排泄物や動物の死体が分解したあとに生えるアンモニア菌とよばれるきのこ。

菌根菌
←カレバキツネタケ
Laccaria vinaceoavellanea

夏〜秋、さまざまな林に生える。全体がくすんだ肉色だが、乾くと色はうすくなる。

傘にささくれがある

ひだは紫色を帯びた肉色

繊維紋がある

柄の根元に綿毛状の紫色の菌糸がある

ひだは傘と同色で、くすんだ肉色

傘に放射状の溝線がある

くらべるきのこ
オオホウライタケ
→p.32
ひだはうすくて、クリーム色。

食 菌根菌
キツネタケ→
Laccaria laccata

夏〜秋、さまざまな林に生える。オオキツネタケに似るが、柄の根元に綿毛状の菌糸はない。

傘は湿ると条線があらわれる。乾いていると白っぽい

全体にキツネ色

傘は、古くなるとささくれる

ひだは特に厚くて疎

食 菌根菌
←ウラムラサキ
Laccaria amethystina

夏〜秋、さまざまな林に生える。全体が紫色だが、乾くとひだ以外は色がうすくなる。

●ホウライタケ科、クリイロムクエタケ科
オオホウライタケ、スジオチバタケなど

ひだは疎のものが多く、傘の表面でもそれがわかることがある。肉はうすくても強く、ちぎれにくい。乾くと縮むが、湿るともとにもどる。胞子は白色。落ち葉や倒木などを分解する腐生菌で、落ち葉に菌糸のマットを作ることが多い。

原寸大図鑑 ハラタケ目

傘に粘性はなく、なめらか。吸水性があり、湿ると条線が現れる

柄は黒っぽくビロード状

傘に深い溝線

ひだは幅が広く、最初からクリーム色

腐生菌・地
↑クリイロムクエタケ
クリイロムクエタケ科
Macrocystidia cucumis

初夏〜秋、林や庭などに生える。エノキタケに似るが地面から出る。キュウリとも魚とも表現されるにおいがある。

褐色型

傘に溝

スジオチバタケより溝が浅い。傘の色は一様

柄は針金状

腐生菌
↑オオホウライタケ
ホウライタケ科
Marasmius maximus

春〜秋に広葉樹林、竹林、庭園などの、落葉が積もったところに生える。

傘の溝はとても深く、色がついている

ひだは黄白色

柄の表面に毛がある

紅色型

腐生菌・地
←ハナオチバタケ
ホウライタケ科
Marasmius pulcherripes

夏〜秋、林などの落葉の上に生える。紅色型と褐色型がある。

腐生菌・地
スジオチバタケ→
ホウライタケ科
Marasmius purpureostriatus

夏〜秋、林などの落葉や落枝の上に生える。

●クヌギタケ科
チシオタケ、ヤコウタケなど

傘は小型で条線のあるものや長めの柄をもつものが多い。肉眼での見わけは難しく種名がつかないものも多いが、顕微鏡で見てみると、それぞれの特徴は意外とはっきりしている。落葉や倒木の上に生える腐生菌。

腐生菌・地
ベニカノアシタケ
Mycena acicula

夏〜秋、林の落ち葉や落ちた枝に生える。湿った場所に多く、平地ではまれ。ひだはオレンジ色〜白色。

- 傷ついても液は出ない
- 柄の根もとに毛が生えている

腐生菌・地
ウスキブナノミタケ
Mycena sp.

秋にブナの堅果から発生する。

- ブナの実（堅果）

腐生菌・地
アシナガタケ
Mycena polygramma

夏〜秋に落ち葉などに生える。特にブナ林に多い。

- 条線がある
- 柄に毛が生えている

腐生菌・材
アカチシオタケ
Mycena crocata

夏〜秋、ブナなどの広葉樹の倒木や落ち葉に生える。

- 柄は中空
- 傷つくとオレンジ色の液がにじむ

腐生菌・材
チシオタケ
Mycena haematopus

夏〜秋、広葉樹の朽ち木に生える。

- 条線がある
- ひだは淡灰色
- 傷つくと暗赤色の液がにじむ
- 傘を平らに開ききらない
- 傘の縁にフリンジがあり、放射状の条線
- 柄に縦線があり、基部に毛
- 柄は成長すると白くなる

腐生菌・材
コガネヌメリタケ
Mycena leaiana

初夏、ブナなどの広葉樹の倒木や切り株に生える。

- 全体に黄金色
- 柄に強い粘性

【毒】腐生菌・地
サクラタケ *Mycena pura*

春〜秋、広葉樹林や針葉樹林に生える。ダイコンのようなにおいがある。以前は食用とされていたが、ムスカリンを含む毒きのこ。

- 傘は紅色から紫色っぽいものまでさまざま
- 湿ると条線
- ひだは白色から紫色を経てうすい黄色になる

発光するヤコウタケ。光はツキヨタケより強い

腐生菌・材
ヤコウタケ
Mycena chlorophos

夏、タケやヤシなどの枯れ木や落枝に生える。発光性があり、関東以西の太平洋側や八丈島、小笠原諸島に分布。

- 柄は中空、根もとは吸盤状
- 傘は湿ると粘性があり、条線があらわれる

腐生菌・材
アミヒカリタケ
Mycena manipularis

おそらく通年、広葉樹の枯れ木に生える。発光性があり、和歌山から沖縄に分布。

- 特に柄が発光する
- 傘の裏は管孔

腐生菌・材
ナメアシタケ
Mycena epipterygia

夏〜秋、コケ類におおわれた材に生える。標高の高いところに多い。

- 傘にも柄にも粘性

33

●ヌメリガサ科
サクラシメジ、アカヤマタケなど

サクラシメジ属（*Hygrophorus*）はふつうのきのこの質感で、ひだは垂生するものが多い。アカヤマタケ属（*Hygrocybe*）はひだがロウ質のものが多い。胞子は白色。腐生菌もあれば菌根菌もある。

傘は湿ると粘性

傘に粘性

食 菌根菌
サクラシメジ
Hygrophorus russula

秋、クヌギ、コナラなどの広葉樹林に生える。関西では山地で見つかる。鍋に入れると色は黄色っぽくなる。肉は、ほろ苦い。

繊維状の被膜がない

ひだは白色で、しだいにワイン色のしみができる

繊維状の被膜

食 菌根菌
サクラシメジモドキ
Hygrophorus purpurascens

秋、サクラシメジよりも標高の高い亜高山帯の針葉樹林に生える。サクラシメジにはない繊維状の被膜がある。

食 菌根菌
ヒメサクラシメジ
Hygrophorus capreolarius

秋、モミ林に生える。小さく、サクラシメジよりも発生量は少ない。苦みはない。

注 腐生菌
ホテイシメジ
Ampulloclitocybe clavipes

秋に発生。特にカラマツ林に多い。食べられるが、酒と一緒だと悪酔いをする。

傘は開ききると水平になる。粘性はない

ひだは垂生

ひだはにっけい色

全体に小豆色を強くした色

傘に粘性

全体に黄色っぽい

柄は中実

柄は、基部に向かって太くなるものが多い

くらべるきのこ
食べると手足が腫れて激痛をともなう
毒 ドクササコ→p.47

傘は、ドクササコほどくぼまない

傘の中央部は深くくぼむ

柄は中空

ホテイシメジ　ドクササコ

食 菌根菌
フキサクラシメジ
Hygrophorus pudorinus

秋、亜高山帯のコメツガ、シラビソ林などに多い。癖のある独特のにおいが強い。

34

ひだは垂生で、ロウ質ではない

ひだはあわい黄色

傘は湿ると粘性があり、条線をあらわす

くらべるきのこ

材から生えて、ひだが多い

食 **ヒイロベニヒダタケ** →p.51

腐生菌・地

← **アキヤマタケ**
Hygrocybe flavescens

秋に、さまざまな林に生える。ひだも柄も黄色い。

柄は中空で粘性がない

ベニヒガサよりも、ひだが密

傘と柄に粘性がある

食 菌根菌 ↑ **キヌメリガサ**
Hygrophorus lucorum

晩秋にカラマツ林に生える。

傘にも柄にも粘性がある

傘はフェルト状で粘性はない

傘の中央はくぼむことがある。フェルト状で粘性はない

ひだは赤い

ひだは黄色っぽく、垂生し、疎

腐生菌・地 ↑ **ワカクサタケ**
Gliophorus psittacinus

夏～秋、林や草地に生える。粘液が緑色で、成長したり乾いたりすると、地色の黄色があらわれる。

腐生菌・地 ← **アカヌマベニタケ**
Hygrocybe miniata

夏～秋、林に生える。ひだも柄も赤い。

傘は湿ると粘性があり、中央が突出する

↑ **ベニヒガサ**
Hygrocybe cantharellus

腐生菌・地

夏～秋、林に生える。傘は赤いが、ひだは黄色っぽい。

ひだは垂生で、ロウ質ではない

全体に粘性はない

ひだは淡黄色

触れるとすぐに黒変

くらべるきのこ

傘も柄もひだも赤い

毒 **アカイボカサタケ** →p.49

柄に繊維状の縦線

食 腐生菌・地 ↑ **オトメノカサ**
Cuphophyllus virgineus

秋、カラマツ林、広葉樹林、草地などに生える。粘性はないが葉や土がつきやすい。

注 腐生菌・地 **アカヤマタケ** →
Hygrocybe conica

秋に草地、タケ林、雑木林などに生える。胃腸系や神経系の中毒を起こすとされる。

柄もひだも赤色で、アカヤマタケのような透明感はない。

35

●オオモミタケ科
オオモミタケなど

大きくて重たいきのこ。内被膜が厚い膜質で、成長して傘の裏からはがれ落ちたあとは、二重のつばとして柄に残る。ひだは垂生。柄は下に向かって細くなり、地中深くに伸びる。つぼはない。胞子は白色。どちらも針葉樹の菌根菌。

原寸大図鑑　ハラタケ目

食　菌根菌
モミタケ→
Catathelasma ventricosum
夏〜秋にモミ、エゾマツなどの林に生える。オオモミタケより標高の低いところに見られ、しばしばオオモミタケよりも大きい。

ひだは垂生

二重のつば。上部は内被膜由来のつば。下部は外被膜由来のつば。

モミの球果

柄は細くなる

食 菌根菌
オオモミタケ →
Catathelasma imperiale

標高の高いところに多く、初秋にシラビソ、トドマツなどの林に生える。肉は白色で粉臭がある。

傘は湿ると、少し粘性がある

二重のつば。上部は内被膜由来のつば。下部は外被膜由来のつば。

シラビソの球果

柄は細くなる

オオモミタケ。シラビソ林の土を押しのけて生えてきた

原寸大図鑑 ハラタケ目

● キシメジ科など
マツタケなど

キシメジ科は、多くはひだも胞子も白色。つばもつぼもないものが目立つが、マツタケ、マツタケモドキ、バカマツタケ、ニセマツタケの4種は、どれもつばをもち、傘に繊維状の鱗片がある。生えている環境や香り、柄の形で区別する。菌根菌が多い。

傘は褐色の繊維状鱗片におおわれる。成長すると裂けたり、ひび割れたりする

ひだは白色

つば

柄は太さが変わらない

食 菌根菌
↑マツタケ
Tricholoma matsutake
秋、標高が低いところではアカマツ林、高いところではコメツガ林などに生える。肉は白色で、特有の香りがする。

食 菌根菌
↓マツタケモドキ
Tricholoma robustum
秋、マツタケより遅れてマツ林に生える。香りはしない。肉は白いが、煮ると黒ずむ。

つばは綿毛状

柄は下のほうが細い

菌根菌
カラマツシメジ →
Tricholoma psammopus
秋、カラマツ林に生える。苦味があり、ふつうは食べられていない。

傘の鱗片は細かく、粘性はない

傘も柄も粘性がある

中空

ひだは黄色で、褐色のしみができる

注 菌根菌
キヒダマツシメジ →
Tricholoma fulvum
秋、広葉樹林に生える。肉は黄色。生で食べると中毒する。

つばは
綿毛状

柄は太さが
変わらない

食 菌根菌
← バカマツタケ
Tricholoma bakamatsutake
マツタケより少し早く、少し小さく、シイ・カシ林とコナラ林に生える。香りはマツタケより強く、肉はかたく締まっている。

つばは
綿毛状

柄は急に
細くなる

食 菌根菌
ニセマツタケ →
Tricholoma fulvocastaneum
秋、シイ・カシ林とコナラ林に生える。香りはない。

傘の中央が
突出

クモの巣状
膜がある

寄生菌
カブラマツタケ →
カブラマツタケ科
Squamanita umbonata
夏〜秋、ブナ科の樹下に生える。キシメジ科ではなくカブラマツタケ科という別のグループのきのこ。香りはない。

柄の基部が
カブラ状

傘は湿ると
粘性がある

傘は繊維状〜綿くず状
の鱗片におおわれる

褐色のしみ

ひだは白色で、
のちに褐色の
しみができる

菌根菌
クダアカゲシメジ →
Tricholoma vaccinum
秋、モミやシラビソの林に生える。

柄は中空、
上部は白く、
下部は繊維状

毒 菌根菌
↑ カキシメジ
Tricholoma ustale
秋、マツ林や雑木林に生える。傘に繊維状鱗片はないが、マツタケ類とまちがえられやすい毒きのこで、嘔吐や下痢、腹痛を引き起こす。

知っていると自慢できる
マツタケ4種の見わけかた

左ページのマツタケとマツタケモドキはマツ林に、右ページのニセマツタケとバカマツタケはシイ・カシ林とコナラ林に生える。香りがあるのはマツタケとバカマツタケ、香りがないのはマツタケモドキとニセマツタケ。どちらの環境も1つは香るが1つは香らない。

39

●キシメジ科
シモフリシメジ、アイシメジなど

典型的なキシメジ科のきのこの形で、つばもつぼもない。肉は白いが、表皮のすぐ下は、表面の色の影響を受けているものもある。ひだも基本的に白色だが、色のあるものもある。胞子は白色。どれも菌根菌。

原寸大図鑑 ハラタケ目

傘はすす色の繊維でおおわれるが、地色は淡黄色。湿るとやや粘性

傘は繊維で密におおわれ、中央はほとんど黒い。粘性はない

ひだは灰白色

傘の中央は突出する

柄も黄色っぽい

ひだは黄色っぽい

毒 菌根菌
ネズミシメジ ➡
Tricholoma virgatum

秋に、マツやモミなどの針葉樹林や、ブナ林に生える。かじると、刺すような辛みをじわじわと感じる。苦みもある。

傘は暗色の繊維におおわれる

ひだは触ると肉色になる

食 菌根菌
↑ シモフリシメジ
Tricholoma portentosum

秋、マツやモミなどの針葉樹林に生える。傘は比較的もろいが、ゆでると弾力が出る。

菌根菌
クロゲシメジ ➡
Tricholoma astrosquarrulosum

秋、マツタケの生えるような亜高山帯の針葉樹林に生える。触れたり、傷ついたりしたところが、ピンク色に変わる。

ひだは白から淡黄色で、疎

傘に細鱗片がある

ひだは白いが、傘のふちでは黄色っぽい

食 菌根菌
アイシメジ →
Tricholoma sejunctum

秋、広葉樹林にも針葉樹林にも出る。やや苦味がある。

注 菌根菌
← ミネシメジ
Tricholoma saponaceum

秋、針葉樹と広葉樹の混生林に生える。肉は白色だが、傷つくと茶色っぽいピンク色になる。石けんのような青くさいにおいがして、全体に水っぽい。生で食べると中毒し、胃腸系の症状が出る。

灰色の鱗片がある

傘は繊維紋におおわれていて、中央が突出

傘は暗緑色の繊維紋におおわれ、湿ると粘性

柄は白色

ひだは白色から黄色っぽくなる

傘は湿ると粘性がある

ひだは全体的に黄色

傘の表面はフェルト状

ひだは灰白色で、若いときはクモの巣状膜がある

柄は黄色

食 菌根菌
↑ ハマシメジ
Tricholoma myomyces

夏〜晩秋、海岸の防風林になっているようなクロマツ林に生える。

毒 菌根菌
↑ ハエトリシメジ
Tricholoma muscarium

秋、ブナ科の広葉樹林に生える。昔はハエ捕りに使われた。うまみは強いが、中毒すると悪酔いのような症状が出る。

毒 菌根菌
シモコシ →
Tricholoma auratum

霜が下りるような晩秋、マツ林に生える。苦味はない。

●キシメジ科
ムラサキシメジなど

典型的なキシメジ科のきのこの形をしていて、つばもつぼもない。胞子は白っぽいが、うす紅色を帯びるものもある。ここで紹介しているのはキシメジ科のなかでもどれも腐生菌。

原寸大図鑑　ハラタケ目

食　腐生菌・地
↓コムラサキシメジ
Lepista sordida

夏～秋、畑や芝生、道ばたなどに生える。ムラサキシメジよりも里に近いところに多い。

ひだは密。紫色で、古くなっても色味は変わらない

傘はなめらか。表側の色はしだいにあせて、黄色～褐色になる

成長すると傘のふちは波打ち、ろうと状になる

ムラサキシメジよりもひだは疎

若いときのほうが色は濃く、だんだん白っぽくなる

柄は短く、根もとは太い

注　腐生菌・地
↑ムラサキシメジ
Lepista nuda

晩秋、雑木林や竹やぶに生える。きのこシーズン最後のきのこ。落ち葉を分解し、菌輪を描くことも多い。コムラサキシメジより肉厚だが、ほこりっぽく、粉臭がする。生で食べると胃腸系の中毒を起こす。

全体に色がうすい

傘の縁は波打つ

くらべるきのこ
紫色でまるっこいきのこ
食　ムレオフウセンタケ
→p.88

クモの巣状膜

傘の色はムラサキシメジなどよりも濃く、幼菌はクモの巣状膜が目立つ。

注　腐生菌・地
ウスムラサキシメジ→
Lepista graveolens

秋、雑木林に生える。薬品のような強いにおいがある。酒と一緒に食べると手足がしびれたり、舌がもつれたりする。

柄にすが入る
×0.4

柄の根もとは太く、中にすがあることが多い

ひだは紫色だが、古くなると褐色になる

腐生菌・地

← **ウラムラサキシメジ**
Tricholosporum porphyrophyllum

夏〜秋、公園や道ばたに生える。傷つくと、ゆっくりと褐色になる。

傘の色には変異がある

くらべるきのこ

ひだの色と鱗片のある場所で見わける

🍴 **ヌメリスギタケモドキ** →p.80

胞子が褐色なので、ひだも褐色

ダイダイガサ →p.75

鱗片は柄には少ない

ひだは白色

つば

腐生菌・材

← **ツノシメジ**
Leucopholiota decorosa

夏〜秋、シラカバなどの倒木や枯れ木に生える。

傘は褐色の大きな鱗片でおおわれる

ひだは黄色

傘は赤色の鱗片におおわれていて、なめし革のような手ざわりがある

腐生菌・材

↑ **サマツモドキ**
Tricholomopsis rutilans

夏〜秋、スギやマツなどの、腐朽の進んだ切り株などに生える。平地にも山地にも見られ、直径20cmを越えて大きくなることもある。肉は黄色。

腐生菌・材

キサマツモドキ →
Tricholomopsis decora

夏〜秋、針葉樹の切り株などに生える。サマツモドキよりも北や山地に多い。

ひだは黄色

オリーブ黒色の鱗片はサマツモドキよりもうすく、黄色の地色が見える

43

●キシメジ科、シメジ科
ホンシメジ、シャカシメジなど

束生するものが多いが、つばもつぼもなく、これといった特徴もない。ひだは白っぽい。胞子は白色。食用にされるものが多く、左ページのきのこは、どれも栽培されている。

原寸大図鑑 ハラタケ目

ひだは白色〜淡黄色

傘に細かいかすり模様がある

柄は下のほうがふくらむ

食 菌根菌
↑ホンシメジ シメジ科
Lyophyllum shimeji

秋、コナラやアカマツの混生林に生える。人工栽培が難しい菌根菌だが、研究の結果、栽培が可能になった。

傘に大理石模様

傘に粉を吹いたような模様がある。傘の色は、うすいものも濃いものもある

ひだは白い

食 腐生菌・材
↑ブナシメジ シメジ科
Hypsizigus marmoreus

秋、ブナなどの広葉樹の枯れ木に生える。粉っぽさや苦みもあるが、食菌として栽培もさかん。

食 腐生菌・地
↑ハタケシメジ シメジ科
Lyophyllum decastes

秋、畑や道ばたなどに生える。人里に多く、深い森には見られない。

キカイガラタケ目になった マツオウジ

マツオウジ（*Neolentinus lepideus*）は「マツに旺盛に生える」という名前の由来の通り、アカマツを始めとする針葉樹の切り株などに生える腐生菌で、松やにの臭がする。かつてはハラタケ目ヒラタケ科におかれ、シイタケと近縁とされていた。しかし、近年、分類が見直され、キカイガラタケ目キカイガラタケ科となった。つばのないタイプとつばのあるタイプが知られており、両者とも食用になるが中毒することもあるので、十分に注意する。

注 つばのある **ツバマツオウジ**

白っぽい。
ひだは垂生
つば

注 つばのない **マツオウジ**

黄色っぽい。
ひだは垂生

どちらもひだはのこぎりの刃のようにぎざぎざしている

食 菌根菌
↑ **シャカシメジ**
シメジ科
Lyophyllum fumosum

秋、コナラやアカマツの混生林に生える。傘が密生するようすを、釈迦の髪型に見立てて名づけられた。菌根菌らしい。

傘は小さめで、灰褐色
根もとは塊茎状で、柄がたくさんくっついている

ひだは垂生

注 腐生菌・地
↑ **シロノハイイロシメジ**
キシメジ科
Clitocybe robusta

晩秋、林に生える。くさったニラのようなにおいがする。胃腸系の中毒を起こすことがある。

柄の根元がふくらむ

全体につやのない白色
傘のふちは波打つ

ひだは密で、垂生しない

注 腐生菌・地
↑ **オシロイシメジ**
キシメジ科
Clitocybe connata

秋、針葉樹林や広葉樹林に生え、特に道ばたに多い。癖のあるにおいがある。食用になるが、胃腸系の中毒も起こす。

株状になることが多い

45

原寸大図鑑 ハラタケ目

●キシメジ科、シメジ科
ニオウシメジ、カヤタケなど

つばもつぼもないが、ニオウシメジ、ヤグラタケは、大きさや生態から、まちがえようのないきのこ。右ページのカヤタケ、ドクササコは北日本に多いろうと形のきのこで、カヤタケは食用だがドクササコは猛毒。胞子は白色。腐生菌。

食 腐生菌・地
ニオウシメジ →
キシメジ科
Macrocybe gigantea

夏〜秋、稲わらなどの有機物が大量に埋まっているような、肥えた土地に出る。南方系で暖かさを好み、日本では群馬以南に分布。新鮮なうちはおいしいが、古くなると生臭い。

半分に切ったニオウシメジ。柄は根元でつながっている

傘はへこむ

ひだは垂生

注 腐生菌・地
← **カヤタケ**
キシメジ科
Infundibulicybe gibba

秋、さまざまな林の落ち葉に生える。北のほうに多い。発汗、呼吸困難などの中毒を起こすこともあるという。

傘は開くとへこむ

ひだは垂生

毒 腐生菌・地
ドクササコ キシメジ科 →
Paralepistopsis acromelalga

秋、笹やぶ、竹林、コナラ林などに生える。北のほうに多い。カヤタケはもちろん、ナラタケとまちがえることがあり、中毒すると4〜5日で手足の先がはれあがり、激痛が1ヶ月以上続く。縦に裂けやすい。

柄は中空

柄は中実

柄の根元は菌糸におおわれる

傘に絹糸状の光沢があり、浅くくぼむ

クロハツ

アオイヌシメジのひだは長く垂生

ひだは垂生

食 腐生菌・地
オオイチョウタケ →
キシメジ科
Leucopaxillus giganteus

夏〜秋、スギ林、竹林、庭園などに生える。胃腸系の中毒を起こすこともあるという。

傘は、ややへこむ

腐生菌・地
アオイヌシメジ →
Clitocybe odora

秋、広葉樹林の落ち葉に生える。全体に青みがあり、桜餅のようなにおいがする。

成熟すると、褐色の粉の塊を傘から出す

腐生菌
← **ヤグラタケ** シメジ科
Asterophora lycoperdoides

夏〜秋、クロハツ（→ p.95）などから出る。きのこの上に生えるきのこ。

●イッポンシメジ科
ウラベニホテイシメジ、クサウラベニタケなど

原寸大図鑑 ハラタケ目

つば、つぼはない。胞子は淡紅色で、もともとクリーム色のひだをもつものは、胞子の成熟とともに「肉色」と呼ばれるピンク色になるのが特徴。腐生菌も菌根菌もある。

地上に見えている根元は太く、成長していないとホンシメジのよう

ひだは、白っぽいが、のちにピンク色

ひだはピンク色

傘は吸水性がある。乾くと絹状の光沢がある

【食】菌根菌
← **ウラベニホテイシメジ**
Entoloma sarcopus

秋、ブナ科の広葉樹林に生える。関西の平地には少ない。単生し、肉に粉臭や苦味がある。

柄は中空

【毒】菌根菌
クサウラベニタケ →
Entoloma rhodopolium

夏～秋、コナラ、クヌギ、シイなどのブナ科の広葉樹林に生える。苦味はないが、ウラベニホテイシメジとまちがいやすい毒きのこで、中毒すると吐き気、嘔吐、腹痛、下痢などの症状が起こる。

傘にかすり模様があり、しばしば指を押したようなあとがところどころにある

柄は中実

くらべるきのこ

茶色の傘に白い柄でそっくり

【食】**ホンシメジ**→p.44

柄が短くて、ずんぐりしている

ひだは白っぽい

【食】**ウラベニガサ**→p.50

ひだがピンク色になる。名前もまぎらわしい

材から生える

48

傘の中央は
くぼむことがある

ひだは
垂生

傘と柄に
絹糸のような
光沢がある

くらべるきのこ
アカヤマタケ→p.35
傘は赤くて尖っているが、傘と柄の色は異なり、きのこ自体に透明感がある。

傘に
いぼ状の突起

ひだは
はじめから
傘と同色

傘に
いぼ状の
突起

柄は傘と
同色で中空

毒 腐生菌・地
↑キヌモミウラタケ
Entoloma sericellum
夏〜秋、林の地上に生える。

タマウラベニタケ。ボール状になっても食べられる

食 腐生菌・材
←タマウラベニタケ
Entoloma abortivum
秋、ブナ林の朽ち木に群生する。ナラタケに寄生しボール状の子実体をつくる。粉臭があるが食べられる。

毒 腐生菌・地
↑アカイボガサタケ
Entoloma quadratum
夏〜秋、雑木林に生える。

毒 腐生菌・地
シロイボカサタケ→
Entoloma album
夏〜秋、雑木林に生える。

傘に
いぼ状の
突起

柄は傘と
同色で中空

傘に繊維紋があり、
ふちが波打つ

柄は繊維状

傘は繊維状で、
のちに細かく
ささくれる

ひだは
ピンク色

注 菌根菌
←ウメハルシメジ
Entoloma sepium
春、ウメやナシなどの樹下に出る。同じバラ科のノイバラ、サクラ、リンゴなどの樹下にも類似のきのこが出る。粉臭があるが、味はよい。ただし生食は中毒する。肉は白色だが、傷つけると肉色になる。

柄は繊維状

毒 腐生菌・地
↑キイボガサタケ
Entoloma murrayi
夏〜秋、雑木林に生える。

腐生菌・地
↑コムラサキイッポンシメジ
Entoloma violaceum
春〜秋、さまざまな林の地上に生える。紺色、紫色など、似た色合いのきのこは、ほかのグループもふくめて多いが、ひだを見ればイッポンシメジ類であることはわかる。

49

●ウラベニガサ科
ウラベニガサ、オオフクロタケなど

ウラベニホテイシメジ（→ p.48）などのイッポンシメジ科と同じように胞子は淡紅色で、白色のひだは「肉色」と呼ばれるピンク色になる。しかし、ひだと柄の境目ははっきりとしている。材の上に生えることの多い腐生菌。

原寸大図鑑　ハラタケ目

傘は粘性があり、中央が突出する

くらべるきのこ
毒 クサウラベニタケ →p.48
地面から生え、ひだのつき方がちがう。

食 腐生菌・地
オオフクロタケ →
Volvopluteus gloiocephalus var. *gloiocephalus*
初夏〜晩秋、土が肥えているところなら、庭や畑、原野や林など、どんなところにでも生える。

つばはない

ひだは白色からピンク色になる

くらべるきのこ

茶色い傘ですらりとした形の毒きのこ

毒 オオツルタケ →p.59
ひだは白色
溝線がある
柄は茶色。つばはない
つぼがある

ひだは白色からピンク色になる

傘に放射状の繊維紋がある

毒 コテングタケモドキ →p.58
ひだは白色
溝線はない
柄は白色、つばがある
つぼがある

つぼは膜質で大きい

食 腐生菌・材
↑ウラベニガサ
Pluteus cervinus
春〜秋、広葉樹林の枯れ木や切り株などに生える。水っぽく、泥臭いが食用になる。

50

食 腐生菌・材
ベニヒダタケ
Pluteus leoninus

初夏〜初冬、広葉樹の枯れ木などに生える。つぼもつばもない。

ひだは白色からピンク色

食 腐生菌・材
ヒイロベニヒダタケ
Pluteus aurantiorugosus

夏〜秋、広葉樹の朽ち木に生える。

傘に条線があり、中央にしわがあることがある

ひだは白色からピンク色になる

くらべるきのこ

平地の公園にも生える毒きのこ
毒 ドクツルタケ→p.60

- つばがある
- 柄にささくれ模様
- 全体にぎらぎらした感じがする。
- つぼがある

傘は微細な絹糸状の毛、または細鱗片におおわれる

つばはない

ひだは白色からピンク色になる

つぼは膜質で大きい

食 腐生菌・材
キヌオオフクロタケ
Vorvariella bombycina

夏〜秋、おもに広葉樹の枯れ木に生える。

傘に粘性がある

ひだは白色からピンク色になる

つばはない

柄はささくれない

食 腐生菌・地
シロフクロタケ
Volvopluteus gloiocephalus var. *speciosus*

夏〜秋、庭園や草地、林などに生える。

つぼはある

51

● テングタケ科　傘が赤〜黄色のテングタケ

ベニテングタケ、タマゴタケなど

テングタケ科は、質や形はさまざまだが、つばとつぼの両方をもつものが多い。傘に外被膜の名残のいぼなどがあるものも多い。ひだは白色のものが多く、胞子も白色。肉は、もろいものが目立つ。菌根菌。毒きのこが多い。

原寸大図鑑　ハラタケ目

毒　菌根菌
ベニテングタケ➡
Amanita muscaria

夏〜秋、シラカバ林や針葉樹林に生える。本州中部以北に多い。雨などでいぼが落ちているとタマゴタケとまちがえやすい。毒は神経系、胃腸系。

毒　菌根菌
⬇**ヒメベニテングタケ**
Amanita rubrovolvata

夏〜秋、ブナ科の広葉樹林やカラマツ林に生える。南方系とされ、日本では本州以南に分布。味やにおいに特徴はない。毒は神経系、胃腸系。

- いぼは白色、傘に粘性がある
- 溝線
- 柄は中空で、少しささくれる
- つばもひだも白色
- つぼに何段か環がある
- 中央が少しへこむ
- ひだは白色
- 溝線
- いぼは赤みがある
- つばは落ちやすい。落ちたあとは赤みが残る
- 柄は中空
- つぼは粉質で、赤みがある

52

溝線

食 菌根菌
タマゴタケ
Amanita caesareoides
夏〜秋、広葉樹林や針葉樹林に生える。柄のだんだら模様が特徴的だが、だんだら模様の不明瞭なものもある。

柄は中空で、だんだら模様

ひだは黄色

つばはオレンジ色

つぼは袋状

溝線

食 菌根菌
キタマゴタケ
Amanita kitamagotake
夏〜秋、広葉樹林や針葉樹林に生える。タマゴタケにくらべて発生がまれ。

ひだとつばは黄色

柄は中空で、だんだら模様

つぼは袋状

いぼは汚白色
傘に粘性がある

溝線は短め

つばは落ちやすい

毒 菌根菌
ウスキテングタケ
Amanita orientigemmata
夏〜秋、ブナ科の広葉樹林や雑木林に生える。毒は神経系。ヨーロッパ産とは種が異なる可能性もあるが、現地では死亡例がある。

柄は中空

つぼの環は目立たず、基部はふくれる

傘は湿ると粘性

溝線はない

柄は中実

つぼは袋状で、基部はふくれる

つば

つばもひだも白色

毒 菌根菌
タマゴタケモドキ
Amanita subjunquillea
夏〜秋、ブナ科の広葉樹林やマツ科の針葉樹林に生える。全体に黄色で、キタマゴタケとまちがえやすい毒きのこ。ひだとつばが白く、溝線がないときは本種。毒は胃腸系で、死亡例がある。

●テングタケ科　傘が茶色で、粉や大きないぼのあるテングタケ
ハイカグラテングタケ、チャオニテングタケなど

傘が粉状または顕著ないぼでおおわれているテングタケ属を集めた。つばは膜質であっても粉っぽく、つぼも綿質や粉質の環状で、つぼらしいつぼはつくらない。チャオニテングタケはひだが暗褐色。

原寸大図鑑　ハラタケ目

傘は綿質におおわれる

毒 菌根菌
↓**ヘビキノコモドキ**
Amanita spissacea

夏〜秋、クヌギやコナラなどの林に生える。胃腸系の中毒を起こす。

溝線がある

ひだは白色

ハイカグラテングタケ ×0.7

傘は綿質におおわれている。角錐形のいぼも混じる

ひだは灰色

つばは灰色っぽく、ふちどりがある

ここから下が地中

ひだは白色

溝線がない

つばも綿質でなくなりやすい

柄は地中に深く伸びる

つばも綿質でなくなりやすい

注 菌根菌
←**ハイカグラテングタケ**
Amanita sinensis

夏〜秋、ブナ科の広葉樹林に生える。傘と柄は綿質におおわれていて、触れると手につきやすい。

柄も綿質におおわれる

柄は繊維状鱗片におおわれる

柄の根元には綿質のつぼの環が残る

根元はふくらむが、さらに下は根のように伸びる

毒 菌根菌
←**コナカブリテングタケ**
Amanita griseofarinosa

夏〜秋、ブナ科の広葉樹林に生える。傘と柄は綿質におおわれていて、触れると手につきやすい。神経系と胃腸系の中毒を起こす。

柄も綿質におおわれる

54

溝線がある
いぼは尖っている
傘も柄も粉質におおわれる
ひだは白色
つばはない
中空

毒 菌根菌
← **ヒメコナカブリツルタケ**
Amanita farinosa
夏〜秋、ブナ科の広葉樹林に生える。胃腸系と神経系の中毒を起こす。

傘は粉質におおわれるが、成長するとまだらになる

いぼは綿質で黒っぽい
溝線がある
ひだは白色
つばはない

毒 菌根菌
テングツルタケ →
Amanita ceciliae
夏〜秋、ブナ科の広葉樹林に生える。胃腸系の中毒を起こす。

柄は繊維状の鱗片でおおわれる

つぼは綿質でこわれやすい

ひだは、あわい褐色で、のちに暗褐色になる
×0.5

菌根菌
← **チャオニテングタケ**
Amanita sculpta
夏〜秋、アカマツ・コナラ林、シイ・カシ林、ブナ林に生える。

つばは粉質で、おちやすい

柄の表面はささくれている

いぼは大きい
ひだは白色
溝線がない
つばは灰色っぽい

毒 菌根菌
キリンタケ →
Amanita excelsa
夏〜秋、針葉樹と広葉樹が入り混じった林に生える。胃腸系と神経系の入り混じった中毒症状が起こるという。

柄はほぼ白色で、灰褐色の鱗片はない

柄の根元には綿質のつぼの環が残る

根元はふくらむ

● テングタケ科　傘が茶色で、いぼのあるテングタケ

テングタケ、イボテングタケなど

傘に膜質のいぼがあるテングタケ属を集めた。外被膜は膜質だが強度はあまりなく、成長とともにパッチ状にわかれていぼとなり、深いつぼもつくらない。いぼの形や溝線の有無で見わける。

原寸大図鑑　ハラタケ目

いぼは、うすい茶色

毒 菌根菌
← **イボテングタケ**
Amanita ibotengutake

夏〜秋、トウヒやトドマツなどのマツ科の針葉樹林に生える。肉は白色でもろい。テングタケに似るが、より大型。胃腸系と神経系の中毒を起こす。正確な同定には顕微鏡観察が必要。

溝線がある

ひだは白色 ×0.4

つばは白色だが、縁が色づく。落ちやすい

柄は細かい鱗片やささくれがある。中空

傘は開ききると中央が少しへこむ

ひだは白色

いぼは白色で、角ばらない

溝線がある

つばは白色

柄の根元に複数の環がある

中空

柄の根元に複数の環がある

毒 菌根菌
↑ **テングタケ**
Amanita pantherina

夏〜秋、広葉樹林やマツなどの針葉樹林に生える。昔はハエ捕りに使った。中毒症状はイボテングタケと同じ。

傘は湿ると粘性がある

いぼは黄色で、粉質

いぼは茶色っぽい

つばは、あわい黄色

中空

柄はつばより下は黄色の粉質でおおわれる

つばは膜質で、灰色っぽい

毒 菌根菌
コテングタケ➡
Amanita porphyria

夏〜秋、アカマツやオオシラビソなどの針葉樹林に生える。胃腸系と中枢神経系の中毒を起こす。

つばより下には繊維状の斑紋がある

根元はふくらみ、黄色で粉質のつぼの破片がつく

柄の根元はカブのようにふくらみ、つぼの大部分がはりつき、上のほうだけが、えりのようにめくれる

毒 菌根菌
⬆コガネテングタケ
Amanita flavipes

夏〜秋、ブナやミズナラの広葉樹林や、ウラジロモミなどの針葉樹が混じる広葉樹林に生える。全体に黄色っぽい。胃腸系、神経系の中毒を起こす。

いぼは白色から灰褐色で、角錐形

いぼは、角錐形

つばは白色だが、ふちが色づく。なくなりやすい

溝線がある

いぼは灰白色から淡褐色で、粉質

つばは白色

柄の根元はふくらみ、つぼの破片が環状につく

菌根菌
⬆テングタケダマシ
Amanita sychnopyramis f. *subannulata*

夏〜秋、シイ林やアカマツ・コナラ林に生える。

毒 菌根菌
ガンタケ➡
Amanita rubescens

夏〜秋、広葉樹林にも針葉樹林にも生える。全体に赤みを帯びていて、傷つくとゆっくりと赤変する。ひだは白色だが、古くなると赤褐色のしみができる。以前は生食のみ中毒するとされていたが、猛毒のアマトキシンをふくむことがわかった。

柄は、赤っぽい茶色を帯びる

柄の根元はふくらみ、つぼの破片が環状につくが、消え去りやすい

57

●テングタケ科　傘が茶色で、いぼのないテングタケ
コテングタケモドキ、オオツルタケなど

傘に粉もいぼもないテングタケ属を集めた。外被膜は強度のある膜質で、成長時にひっぱられてもパッチ状にわかれることはなく、深いつぼをつくる。右ページのツルタケ類は、つばをもたない。

原寸大図鑑　ハラタケ目

毒　菌根菌
クロタマゴテングタケ
Amanita fuliginea

夏〜秋、シイ・カシ林に生える。中国で大勢の死亡例がある。

- 傘にかすり模様と光沢がある
- つばは膜質で白色
- 柄は繊維状の細かい鱗片におおわれて、だんだら模様
- つぼは膜質で、深い

- 傘にかすり模様がある
- つばは膜質で白色
- つばより下は鱗片がある
- ひだは白色
- つぼは膜質で、深い

毒　菌根菌
↑コテングタケモドキ
Amanita pseudoporphyria

夏〜秋、シイ・カシ林、クヌギ・コナラ林、アカマツ・コナラ林などに生える。傘に白色のいぼがあることもある。胃腸系と神経系の中毒を起こす。

- 傘は湿ると粘性がある
- 溝線がある
- ひだは白色
- つばは膜質で白色
- つばより下は繊維状の鱗片があり、下のほうはささくれる。中空

菌根菌
ミヤマタマゴタケ
Amanita imazekii

秋、ブナ科の広葉樹林に生える。

- つぼは厚い膜質で、深い

シラカシとコナラの林に生えていたコテングタケモドキ。傘のかすり模様が特徴だ。

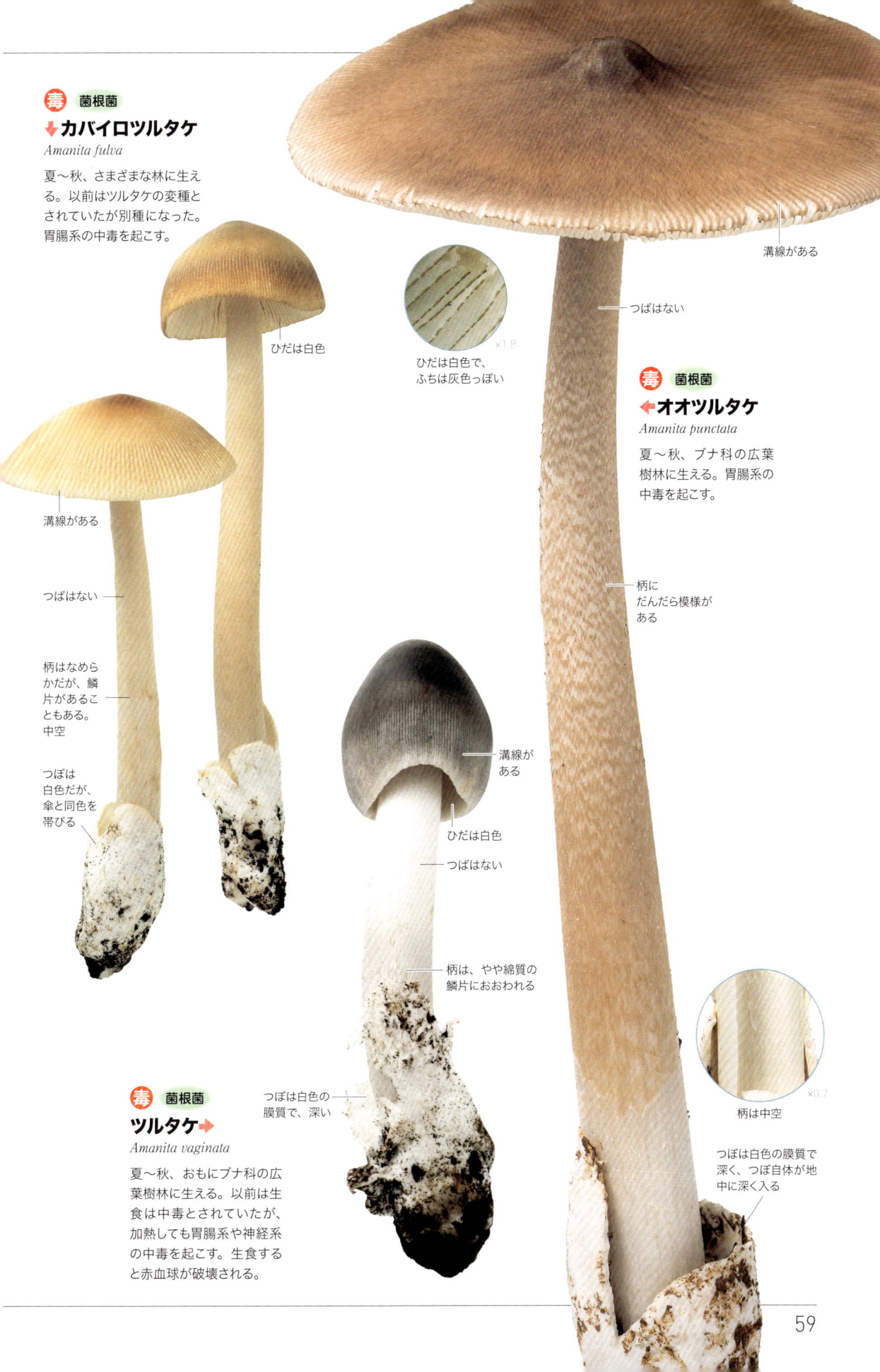

毒 菌根菌
←カバイロツルタケ
Amanita fulva

夏～秋、さまざまな林に生える。以前はツルタケの変種とされていたが別種になった。胃腸系の中毒を起こす。

ひだは白色

ひだは白色で、ふちは灰色っぽい

溝線がある

つばはない

柄はなめらかだが、鱗片があることもある。中空

つぼは白色だが、傘と同色を帯びる

溝線がある

つばはない

毒 菌根菌
←オオツルタケ
Amanita punctata

夏～秋、ブナ科の広葉樹林に生える。胃腸系の中毒を起こす。

柄にだんだら模様がある

溝線がある

ひだは白色

つばはない

柄は、やや綿質の鱗片におおわれる

柄は中空

毒 菌根菌
ツルタケ→
Amanita vaginata

夏～秋、おもにブナ科の広葉樹林に生える。以前は生食は中毒とされていたが、加熱しても胃腸系や神経系の中毒を起こす。生食すると赤血球が破壊される。

つぼは白色の膜質で、深い

つぼは白色の膜質で深く、つぼ自体が地中に深く入る

● テングタケ科　白色のテングタケ
ドクツルタケ、シロコタマゴテングタケ

テングタケ属には白色のきのこも多い。なかでもドクツルタケは猛毒で中毒死することもある。シロコタマゴテングタケとは、傘のいぼの有無や、つばやつぼの特徴で見わける。

原寸大図鑑　ハラタケ目

傘はなめらか

つばは膜質

柄に白色のささくれがある

溝線はない。溝線のないテングタケ属には猛毒のものが多い

いぼがある

つばは淡黄色

つぼは袋状

柄の根元は塊茎状にふくらむ

つぼは大部分がはりつき、上のほうだけが、えりのようにめくれる

毒 菌根菌
↑ドクツルタケ
Amanita virosa

夏～秋、広葉樹林にも針葉樹林にも生える。猛毒で、激しい胃腸系の中毒を起こす。いったん回復しても、死に至ることもある。

毒 菌根菌
↑シロコタマゴテングタケ
Amanita citrina var. *alba*

夏～秋、針葉樹林にも広葉樹林にも生える。コタマゴテングタケの変種。中枢神経系の中毒を起こす。

ミズナラ林に生えていたドクツルタケ。傘のなめらかさと対象的に、柄はささくれが激しい。

●テングタケ科　白色で、根元がふくらむテングタケ
タマシロオニタケ、カブラテングタケなど

白色で根元がふくらむテングタケ属を集めた。いぼ、つば、柄のちがいなども手がかりにして見わける。コトヒラシロテングタケは傘に粘性があり、不快なにおいがある。

原寸大図鑑　ハラタケ目

- ひだは白色
- つばに条線がある
- いぼは角錐形。落ちやすい
- 柄の根元はカブのようにふくらみ、いぼがある

- この見開きでは、本種だけ傘に粘性がある。いぼは平たい
- ひだは黄色っぽい
- つばは綿質〜膜質で落ちやすい
- つばより下は細かい鱗片がある
- 柄の根元はカブのようにふくらみ、つぼの名残があることもある

【毒】菌根菌
↑タマシロオニタケ
Amanita shaerobulbosa

夏〜秋、本州以南のブナ科の広葉樹林に生える。古くなると、少し茶色っぽくなる。胃腸系の中毒を起こす。

菌根菌
↑コトヒラシロテングタケ
Amanita kotohiraensis

夏、シイ林やコナラ林に生える。全体に塩素のような不快なにおいがある。

菌根菌
キウロコテングタケ→
Amanita alboflavescens

夏〜秋、ブナ科の広葉樹林に生える。傷ついたり、古くなったりすると、黄色を帯びる。全体に強いにおいがある。

- 傘は粉っぽく、大小のいぼがある
- 傘のふちに、つばの名残がたれ下がる
- 柄の根元は紡錘形にふくらむ
- ひだは白色
- つばは綿質〜膜質で落ちやすい
- 傷つくと黄色くなる

- いぼは黄色っぽく、扁平
- つばは落ちやすい
- ひだはクリーム色
- 柄はクリーム色
- 傷つくと、ゆっくりと赤色になる
- 柄の根元はふくらむが、つばはまったくない

毒 **菌根菌**
↑カブラテングタケ
Amanita gymnopus

夏〜秋、ブナ科の広葉樹林に生える。全体に強いにおいがある。胃腸系の中毒を起こす。

- いぼは尖り、数が多く、落ちにくい
- 傘のふちに、つばのかけらがたれ下がる
- ひだは白色で、ふちが粉っぽい
- 若いとき、ひだは、綿質〜クモの巣状膜でおおわれる
- 柄の根元はふくらみ、綿質または尖ったいぼがつく

菌根菌
コシロオニタケ→
Amanita castanopsidis

夏〜秋、シイやコナラなどの広葉樹林に生える。

●テングタケ科　白色で、柄の鱗片が目立つテングタケ

フクロツルタケ、シロオニタケなど

白色で柄に特徴のあるテングタケ属を集めた。傘の特徴、つばの有無、つぼの形状、色などもそれぞれ違うので、あわせて見わける。フクロツルタケは猛毒で中毒死することもある。

原寸大図鑑　ハラタケ目

- 大きな黄色っぽい、外被膜の名残がある
- 傘は粉っぽい
- ひだは白色～あわいクリーム色
- つばは綿質で、落ちやすい
- 傘に赤みを帯びた茶色の小鱗片がある
- 柄も粉っぽい
- ひだは白色
- つばはない
- 全体に白色のものと全体に褐色を帯びるものがある。近年、白色のものはシロウロコツルタケ、褐色のものはアクイロウロコツルタケとされた
- 柄は綿くず状の鱗片におおわれる
- つぼはこわれやすく、内側だけが柄にはりついて残る
- 黄色を帯びる
- つぼは大きな膜質

毒 菌根菌
↑フクロツルタケ（広義）
Amanita volvata
夏～秋、ブナ科の広葉樹林に生える。肉は白色だが、傷つくとゆっくりと赤くなる。胃腸系と神経系の中毒を起こし、死に至ることもある。

毒 菌根菌
↑シロテングタケ
Amanita neo-ovoidea
秋、シイ・カシ林に生える。全体が粉状で触るとねちょねちょする。胃腸系と神経系の中毒を起こす。

いぼは尖り、
落ちやすい

いぼは尖り、落ちにくい。
のちに茶色っぽくなる

つばは膜質で厚い。
のちに
茶色っぽくなる

つばは厚いが、
傘が開くときに
落ちやすい。
ひだはクリーム色

ひだは白色で、
ふちは粉っぽい

いぼ

柄は
下に向かって
太くなる

反り返った
ささくれがあり、
柄の下に向かって
太くなる

毒 菌根菌
←ササクレシロオニタケ
Amanita eijii
夏～秋、アカマツ・コナラ林や、シイ・カシ林に生える。肉はかたい。胃腸系および神経系の中毒を起こすと考えられる。

菌根菌
↑シロオニタケ
Amanita virgineoides
夏～秋、シイ・カシ林に生える。全体に粉っぽく、落ちやすいいぼにおおわれる。

●ハラタケ科
カラカサタケなど

傘に粘性はなく、柄は中空でかたい。つばはあるが、つぼはない。ひだは白色。胞子は白色だが、毒きのこのオオシロカラカサタケの胞子は緑色。大型で、人里に近い草地に生える腐生菌。

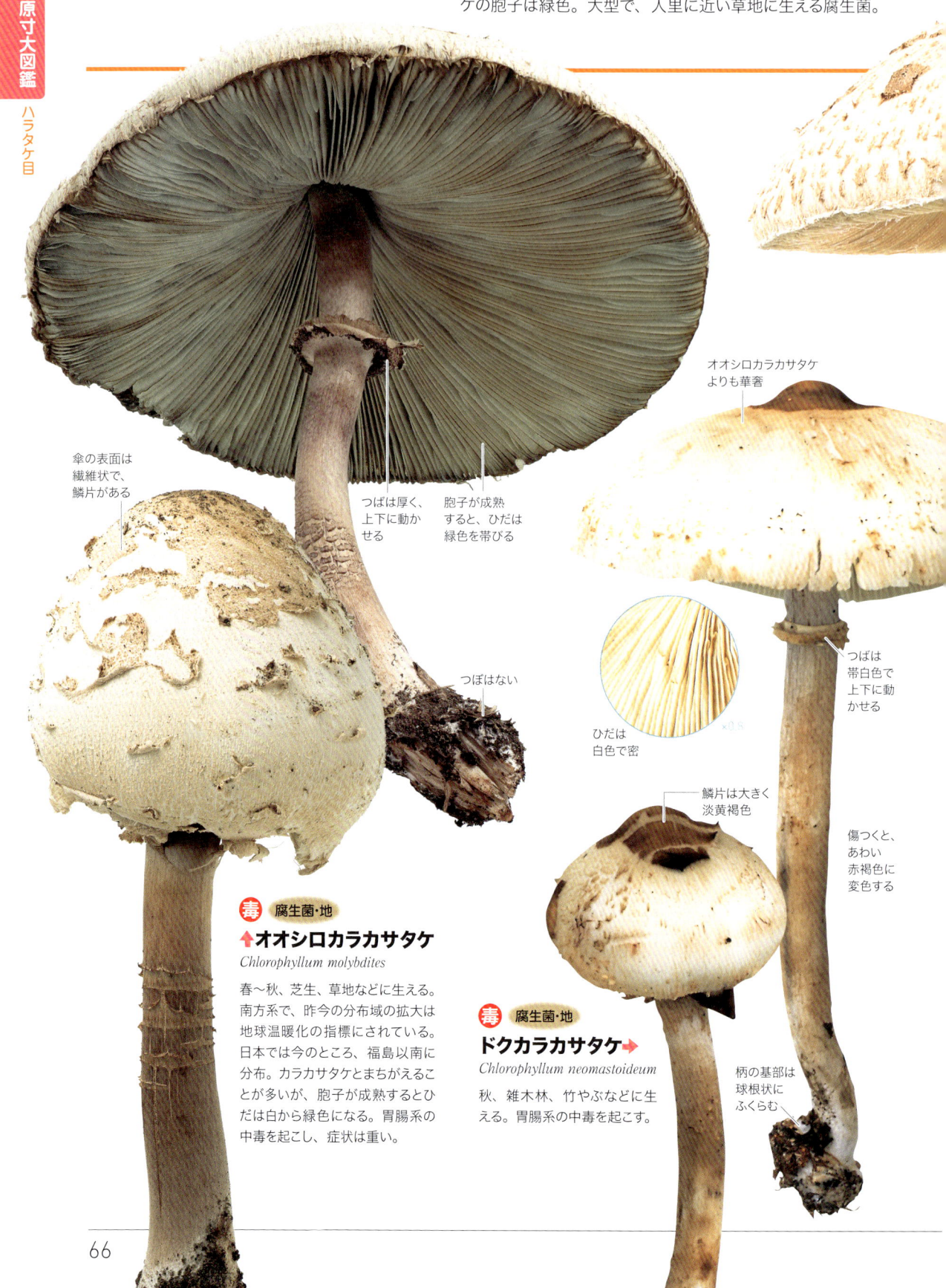

原寸大図鑑 ハラタケ目

傘の表面は繊維状で、鱗片がある

つばは厚く、上下に動かせる

胞子が成熟すると、ひだは緑色を帯びる

つぼはない

オオシロカラカサタケよりも華奢

ひだは白色で密

つばは帯白色で上下に動かせる

鱗片は大きく淡黄褐色

傷つくと、あわい赤褐色に変色する

柄の基部は球根状にふくらむ

毒 腐生菌・地
↑オオシロカラカサタケ
Chlorophyllum molybdites

春〜秋、芝生、草地などに生える。南方系で、昨今の分布域の拡大は地球温暖化の指標にされている。日本では今のところ、福島以南に分布。カラカサタケとまちがえることが多いが、胞子が成熟するとひだは白から緑色になる。胃腸系の中毒を起こし、症状は重い。

毒 腐生菌・地
ドクカラカサタケ➡
Chlorophyllum neomastoideum

秋、雑木林、竹やぶなどに生える。胃腸系の中毒を起こす。

66

ひだは白色

つばは
上下に動かせる

傘の地肌は
淡褐色から
淡灰褐色

鱗片は
褐色〜灰褐色

柄に細かい
だんだら模様が
ある

注 腐生菌・地
← **カラカサタケ**
Macrolepiota procera

夏〜秋、雑木林、竹林、草地など
に生える。傷ついても変色しない。
生食すると、胃腸系の中毒を起こす。

注 腐生菌・地
マントカラカサタケ →
Macrolepiota detersa

夏〜秋、雑木林、草地などに
生える。カラカサタケよりもつ
ばが大きく、マント状にたれ下
がる。

柄の基部は球根状にふくら
む。内部が中空なのはカラカ
サタケ属に共通の特徴

ひだは白色で密。
古くなると
赤いしみが現れる

つばは膜質で
たれ下がる

傘の地色は白色

鱗片は
淡褐色

柄の基部は
球根状に
ふくらむ

67

●ハラタケ科
ザラエノハラタケ、オニタケなど

つばはあるが、つぼはない。ひだは白色。ザラエノハラタケの胞子は黒褐色で、ひだはのちに黒褐色になるが、これは70ページのウスキモリノカサとともにハラタケ属（*Agaricus*）の特徴。ハラタケ属以外の胞子は白っぽい。草地に生える腐生菌。

原寸大図鑑　ハラタケ目

注 腐生菌・地
↓ザラエノハラタケ
Agaricus subrutilescens

夏〜秋、雑木林などに生える。体質により、胃腸系の中毒を起こす。

傘は紫色を帯びた褐色の鱗片におおわれている

ひだは白色ののちピンク色を経て黒褐色になる

つばは膜質

肉は白色で、傷つくと赤色に変色する

柄は、つばより下は白色で綿くず状にささくれる

栗褐色の鱗片

傘の下地は白色

つばはなくなりやすい

ひだは白っぽく、のちに赤みを帯びることがあるが黒褐色にはならない

毒 腐生菌
クリイロカラカサタケ➡
Lepiota castanea

柄の地色はオレンジ色っぽい褐色で、栗褐色の鱗片がある

夏〜秋、雑木林に生える。ドクツルタケと同じような胃腸系の激しい中毒を起こす。

傘は褐色の小さな鱗片におおわれる

溝線があるがはっきりしない

柄は中空

肉は白色で、傷つくと赤色に変色する

ひだは白色

つばは膜質で厚い

毒 腐生菌・地
↑ツブカラカサタケ
Leucoagaricus americanus

夏〜秋、堆肥やおがくず、切り株などに生える。熱帯性で、おがくずが発酵して熱を発しているようなところに多い。胃腸系の中毒を起こす。

傘は赤っぽい色の鱗片におおわれ、開ききると白色の地色が見える

ひだは白色

つばは膜質で、赤色のふちどりがある

腐生菌・地
↑アカキツネガサ
Leucoagaricus rubrotinctus

夏〜秋、庭や竹林の落ち葉の間に生える。

傘は黒っぽい褐色の突起におおわれる

ひだは白色

柄の下部に褐色の鱗片がある

若いとき、ひだは白色の内被膜でおおわれている

ひだは白色

つばはなくなりやすい

つばより下は綿毛におおわれる

傘の表面は細かく裂けた綿くず状の鱗片におおわれる

食 腐生菌・地
オニタケ→
Echinoderma asperum

夏〜秋、林や庭の黒土に生える。落ち葉を分解する。胃腸系の中毒を起こすこともある。

腐生菌・地
ワタカラカサタケ→
Lepiota magnispora

夏〜秋、林の腐葉土に生える。

●ハラタケ科、カブラマツタケ科
ウスキモリノカサ、ササクレヒトヨタケなど

つばはあるが、つぼはない。キツネノハナガサとコガネキヌカラカサタケはくたっとした感じで、ササクレヒトヨタケは胞子が成熟するとひだが黒色になって溶ける。草地に生える腐生菌。

原寸大図鑑　ハラタケ目

注　腐生菌・地
ウスキモリノカサ　ハラタケ科→
Agaricus abruptibulbus

夏～秋、広葉樹林または針葉樹と広葉樹の混生林、竹林に生える。

注　腐生菌・地
→コガネタケ
カブラマツタケ科
Phaeolepiota aurea

夏～秋、道ばた、庭などに生える。汗臭いような強いにおいがある。胃腸系の中毒を起こすこともある。

傘に絹状のつやがある

ひだは白色ののちピンク色から紫がかった褐色になる

つばは膜質で、下面に綿くず状の物質がつく

肉は白色、傷つくと黄色く変色する

傘も柄も粉にまみれている

傘は、若いときは放射状のしわがある

幼菌の断面。膜質の内被膜がひだをおおっている。ひだは黄白色だが、成長すると褐色になる（コガネタケ）

傘は放射状のしわがあり、粉におおわれている

肉はあわい黄色

腐生菌・地
オオシワカラカサタケ→
カブラマツタケ科
Cystodermella japonica

夏～秋、もみがらや腐葉土の上に生える。

ひだは白色

つばは膜質

傘はきわめてうすい。溝線はプリーツのようで、峰になるところにレモン色の粉をつける

腐生菌・地
キツネノハナガサ→
ハラタケ科
Leucocoprinus fragilissimus

夏～秋、林や庭、竹やぶに生える。華奢なきのこで、1日程度で消えていく。

ひだは白色

つばは膜質

柄はレモン色の小鱗片におおわれる

利用されるハラタケ類

おなじみのマッシュルームも、健康食品として出回るヒメマツタケ（アガリクス）もハラタケ属だ。傘を裏返してみると、胞子が成熟していれば、黒褐色になったひだが観察できる。

マッシュルーム
Agaricus bisporus

ヒメマツタケ
Agaricus brazei

腐生菌・地

↓コガネキヌカラカサタケ
ハラタケ科
Leucocoprinus brinbaumii

夏～秋、林や庭、鉢上などに生える。熱帯性で温室にも生える。

- 放射状の溝線がある
- 傘も柄もレモン色の粉や綿くず状の鱗片におおわれる
- つばは上下に動かせるが、なくなりやすい

くらべるきのこ

注 ヒトヨタケ →p.72
傘の色は灰色でささくれない。

食 腐生菌・地

ササクレヒトヨタケ➡
ハラタケ科
Coprinus comatus

春～秋、草地、畑、道ばたなどに生える。胞子が成熟すると、ひだが液化して、傘は溶けてなくなる。ごく若いものは食用になる。

- 傘は成長すると鐘型になる
- ひだは白色だが、成熟すると黒色になって溶け出す
- ささくれた鱗片でおおわれる
- 傘ははじめは円柱形に長い
- 柄は中空。溶けずに残る
- 若いものを食べる
- つばは上下に動かせる

71

原寸大図鑑 ハラタケ目

● ナヨタケ科
ヒトヨタケ、ムジナタケなど

傘はつり鐘のような形で、多くはつばはなく、あってもめだたない。つぼはない。ひだは白っぽく、胞子は黒っぽい。左ページのヒトヨタケなどは胞子が成熟するとともにひだが溶けるが、右ページのムジナタケなどは溶けない。倒木などの材や地中の有機物から生える腐生菌。

- 傘は細かい鱗片におおわれているが、のちになめらか
- ひだは白色ののち黒っぽくなり、ふちから溶け始める
- ふちは放射状に裂ける
- ひだは白色ののち黒っぽくなるが、あまり溶けない（キララタケ）
- 傘は雲母状の細かい鱗片でおおわれる
- 溝線

注 腐生菌・材
→ **キララタケ**
Coprinellus micaceus

夏～秋、広葉樹林に生える。酒と一緒だと悪酔いすることがあり、大量に食べると中枢神経系の中毒を起こすこともある。

食 腐生菌・材
→ **コキララタケ**
Coprinellus domesticus

夏～秋、広葉樹林に生える。

- 綿くずのような被膜は成長すると落ちてなくなる
- ふちに溝線
- 柄は中空。傘が溶けても柄は溶けない
- ひだは白色ののち黒っぽくなり、ふちから溶け始める
- 根元に、オレンジ色の菌糸「オゾニウム」があることが多い

腐生菌・地
→ **ワタヒトヨタケ**
Coprinellus flocculosus

春～秋、わらなどが埋まっているような肥えた地上に生える。

- 中央は黄色っぽい
- 綿くずのような被膜は成長すると落ちてなくなる
- 溝線がある

- つばはあるが、なくなりやすい

注 腐生菌・地
↑ **ヒトヨタケ**
Coprinopsis atramentaria

春～秋、道ばた、草地、庭などに生える。胞子が成熟するとひだや傘が溶ける。食べられるが、酒と一緒だと悪酔い状態になる。

腐生菌・材
← **イヌセンボンタケ**
Coprinellus disseminatus

春～秋、朽ち木や切り株などに群生する。

全体に半透明でもろく、ひだは白色のち黒っぽくなるが、溶けない。柄に細かい毛があるが、やがてなくなる

- ひだは灰色ののち黒っぽくなるが、溶けない
- 傘は最初からなにも付着していない

腐生菌・地
↑ **ヒメヒガサヒトヨタケ**
Parasola plicatilis

春～秋、芝生や道ばたなどに生える。

- ひだは白色のち黒色
- 柄は中空

くらべるきのこ

傘の形が似ている毒きのこ

毒 ジンガサタケ→p.85

胞子成熟後のひだは、ムジナタケよりも黒みが強い。

毒 アセタケ類→p.86

傘の中央は突出していて、表面はささくれている。

腐生菌・地

↓アシナガイタチタケ
Psathyrella spadiceogrisea

春〜秋、広葉樹の切り株の近くや、肥えた土地に生える。

- 傘の表面はフェルト状
- ひだは紫がかった褐色
- つばは綿毛状。白色だが胞子が落ちると黒っぽくなる
- 柄に褐色の鱗片
- ひだは白色ののち紫がかった褐色
- 傘に放射状のしわがある。湿ると粘性があり、条線があらわれる
- 柄は中空。表面に条線がある

食 腐生菌・地

ムジナタケ→
Psathyrella velutina

夏〜秋、雑木林や草地、道ばたに生える。じんましんや頭痛などが起こることもある。

- 傘はなめらかで、粘性はない
- ふちに白色の被膜がたれ下がる
- ひだは白色ののち紫がかった褐色

食 腐生菌・材

←イタチタケ
Psathyrella candolleana

夏〜秋、広葉樹の枯れた幹や切り株などに生える。神経系の中毒を起こすこともある。

腐生菌・材

ムササビタケ→
Psathyrella piluliformis

夏〜初冬、広葉樹の朽ち木の上や、その近くに生える。

×1.6 ふちに白色の被膜がたれ下がる。ひだはうすい褐色ののち黒っぽくなる

×2.2 傘は吸水性があり、湿ると色が濃くなり、条線があらわれる

腐生菌・地

↓ウスベニイタチタケ→
Psathyrella bipellis

春〜夏、畑や庭、林などの地上にも切り株にも生える。

- ふちに白色の被膜がたれ下がるが消えやすい
- ひだは紅色がかった褐色ののち黒褐色

腐生菌・地

↓ハイイロイタチタケ
Psathyrella cineraria

初夏〜秋、シラカシなどの広葉樹の枯れ木に生える。

- ひだは白色ののち褐色
- 傘は綿くずのような鱗片におおわれるが、成長するとおちてなくなる
- 傘は湿ると色が濃く、放射状の小じわがあらわれる
- 傘は吸水性があり、湿ると色が濃くなる。条線があることもある
- 柄は中空
- 柄は中空

●タマバリタケ科など
ヌメリツバタケ、エノキタケなど

タマバリタケ科のものは束生や群生することも多い。つばもつぼもない。胞子は白色。さまざまな材から生える腐生菌で、倒木からも生えるし、地中の埋もれ木などからも生える。エノキタケは栽培されているものとはまったく姿が異なる。

原寸大図鑑 ハラタケ目

傘に網目状のしわがある。湿ると粘性

ひだは白色。波打たない

つばは膜質

傘に粘性がある

赤褐色の分泌物を出す

食 腐生菌・材
←ホシアンズタケ
タマバリタケ科
Rhodotus palmatus
春〜秋、倒木や切り株に生える。なかでもヤチダモに出ることが多い。肉は弾力があり、果物のようなにおいがする。

ひだは、あわい桃色

食 腐生菌・材
↑ヌメリツバタケ
タマバリタケ科
Mucidula mucida
夏〜秋、広葉樹の枯れ木に生える。

食 腐生菌・材
↑ヌメリツバタケモドキ
ヌメリツバタケによく似ているが、ひだが強く波打つのが特徴。

傘は放射状の繊維紋におおわれる

傘に放射状のしわがあり、湿ると粘性

ひだは白色

傘に細かい毛がある

食 腐生菌・地
スギエダタケ→
タマバリタケ科
Strobilurus ohshimae
晩秋〜初冬、地面に落ちたスギの枝から生える。

柄はかたく、繊維状。根元に白色の菌糸束がある

ひだは白色で、幅が広い

柄はオレンジ色で、細かい毛がある

毒 腐生菌・材
ヒロヒダタケ→
ポロテレウム科
Megacollybia clitocyboidea
夏〜秋、広葉樹のくさった材や、その近くから生える。いままで食用とされてきたが、北アメリカで中毒例が報告された。

根元はややふくらみ、ふたたび細く伸びて地中の材につながる

ここから下は地中

食 腐生菌・地
←ブナノモリツエタケ
タマバリタケ科
Hymenopellis orientalis
夏〜秋、ブナ林、ブナ・ミズナラ林に生える。

ひだは白色っぽい

傘は粘性が強い

栽培品とはちがって、しっかり色がある

くらべるきのこ
エノキタケとよく似たきのこ

注 ナラタケ →p.76

柄の下のほうは黒っぽいが、つばがあり、傘に粘性はない。

食 腐生菌・材
←エノキタケ
タマバリタケ科
Flammulina velutipes

晩秋〜春、カキ、エノキ、コナラ、ヤナギなどの広葉樹の枯れ木や切り株に生える。鉄がさびたようなにおいがある。

柄は褐色で、短い毛がビロード状に生える

束になってたくさん生える

食 ナメコ →p.78

傘も柄も粘性がある。

毒 カキシメジ →p.39

柄は全体的に白っぽい。

傘は黒褐色〜白色などさまざま
ひだは白色
全体に透明感がある

食 腐生菌・地
マツカサキノコモドキ→
タマバリタケ科
Strobilurus stephanocystis

晩秋〜初冬、地中に埋もれた松ぼっくりから生える。

柄はオレンジ色で細かい毛がある

ここから下は地中

地下部は根のように伸びて、埋もれた松ぼっくりにつながる

傘に綿質のやわらかいとげがある

ひだは白色

腐生菌・材
←ダイダイガサ
タマバリタケ科
Cyptotrama asprata

夏〜秋、シイなどの広葉樹の倒木や落ちた枝に生える。熱帯性で、関東以南に分布。

腐生菌・材
ニセマツカサシメジ→
フウリンタケ科
Baeospora myosura

晩秋〜初冬、地中に埋もれた松ぼっくりから生える。

傘はほぼ平らに開く

全体に不透明感がある

柄は白い粉におおわれ、根元に長い毛がある

くらべるきのこ
松ぼっくりから生えるそっくりさん

マツカサタケ →p.118

傘の裏は針状

●タマバリタケ科
ナラタケのなかま

ここで紹介する4種のなかでは、ナラタケモドキだけにつばがない。つぼはない。胞子は白色。ナラタケ類は強力な腐生菌で、倒木などに生え、ランと共生するものもある。この4種は、生食するといずれも中毒する。

原寸大図鑑 ハラタケ目

- ひだは黄色っぽく、のちにあわい褐色のしみができる
- つばがある
- 条線がある
- 柄は下のほうが黒っぽい

注 腐生菌・材
↑ナラタケ
Armillaria mellea

春～秋、広葉樹または針葉樹の倒木や切り株に生える。生で食べると胃腸系の中毒を起こす。

注 腐生菌・材
↓オニナラタケ
Armillaria ostoyae

秋、広葉樹または針葉樹の倒木や切り株に生える。冷温帯を好み、北海道と本州中部以北に分布する。生食で胃腸系の中毒。

- 傘に細かい黒色の鱗片がある。特に中央に多い
- 条線がある
- つばはない
- 柄は下のほうが黒っぽい
- ひだはクリーム色で、のちに褐色のしみができる

注 腐生菌・材
ナラタケモドキ→
Armillaria tabescens

夏～秋、広葉樹の倒木や生きている木の根元に生える。傘やひだはナラタケに似ているが、つばはない。生で食べると胃腸系の中毒を起こす。

- 傘に黒色の細かい鱗片がある。特に中央に多い
- ひだは白色。しみはできにくい
- 条線がある
- ひだは白色で、のちに褐色のしみができる
- つばは白色で膜質、厚みがあり、ふちに濃い色がつく
- 柄は褐色で下に向かって太くなる
- 肉は白色

- 傘に褐色の細かい鱗片がある。特に中央に多い
- つばは白色で膜質
- 条線がある
- 柄は褐色で下に向かって太くなる

注 腐生菌・材
キツブナラタケ→
Armillaria sp.

春と秋、広葉樹の倒木や切り株に生える。生で食べると胃腸系の中毒を起こす。

●モエギタケ科
クリタケ、ニガクリタケなど

束生するものが多い。傘のふちに外被膜の名残を綿毛のようにつけたり、内被膜の名残がはっきりしないつばとなったりする。胞子は紫がかった黒色で、ニガクリタケのつばは胞子に染まって黒っぽくなる。材から生える腐生菌。

ひだは黄白色のちに紫がかった褐色

食 腐生菌・材
クリタケ→
Hypholoma lateritium

秋～晩秋、広葉樹林の倒木や切り株に生える。胃腸系の中毒を起こすこともある。

つばはない

柄の下部は茶褐色

傘のふちに、綿くずのような白色の外被膜の名残

ひだは黄色のちに黒ずむ

毒 腐生菌・材
←ニガクリタケ
Hypholoma fasciculare

春～晩秋、広葉樹林または針葉樹林の倒木や切り株に生える。激しい胃腸系の中毒を起こし、死に至ることもある。

クモの巣状膜がつばとなる。消えやすいが、胞子に染まると黒くなる

傘は中央がややオレンジ色

全体的に硫黄色が強い

傘は湿ると粘性

菌核の断面 ×0.6

腐生菌・地
キンカクイチメガサ→
Hypholoma tuberosum

秋、公園に敷かれた木材のチップなどから生える。そのため外国から持ちこまれた可能性が高いと考えられている。

地下に菌核を作り、1つの菌核から1～数本が生える

77

●モエギタケ科
ナメコ、チャナメツムタケなど

日本のブナ帯を代表する食用きのこ。枯れた木や倒木などの材から生える腐生菌で束生する。ゼラチン質の粘液が特徴で、つばもゼラチン質。水をふくんでいると特に著しくぬめる。胞子は明るいさび色。

原寸大図鑑　ハラタケ目

食　腐生菌・材

↓ナメコ
Pholiota microspora

秋、ブナの倒木を中心とする広葉樹に生える。

傘はゼラチン質の粘液に厚くおおわれる。古くなって粘液がなくなると、色もあわくなる

ゼラチン質の内被膜は、成長すると破れて、つばとなる。ひだはうすい黄色

ひだは、うすい黄色ののち褐色

柄は、つばより下は粘液におおわれる

ナメコ。倒木に群生していた

くらべるきのこ

図鑑でちがうと思ってもフィールドでまちがえやすい毒きのこ

毒　**カキシメジ**→p.39

柄に粘性はない

ひだに赤いしみができる

まちがえてもだいじょうぶ。食べられるきのこ

注　**ナラタケ**→p.76　　食　**クリタケ**→p.77　　食　**エノキタケ**→p.75

つばは膜質

傘も柄も粘性はない

つばはない

柄は褐色でビロード状、粘性はない

78

チャナメツムタケ
Pholiota lubrica

- ひだは白色ののち、にぶい褐色
- つばはなくなりやすい
- 粘性がある
- 傘はれんが色
- 柄は白色だが、下部はのちに褐色。ややささくれている。粘性はない
- ふちに綿くず状の鱗片がある

食 腐生菌・地

秋、広葉樹または針葉樹の、なかば埋もれた倒木などに生える。

キナメツムタケ
Pholiota spumosa

- 中央は黄褐色で、粘性がある
- 傘は硫黄色
- ひだは、うすい黄色ののち褐色
- ふちに綿くず状の鱗片があるがなくなりやすい
- つばはなくなりやすい
- 柄はややささくれている。粘性はない

食 腐生菌・地

秋、ブナ科の樹木の、なかば埋もれた倒木などに生える。

アカツムタケ
Pholiota astragalina

- 傘はなめらかで、湿ると粘性
- ふちのほうに綿くずのような白色の被膜が残るが、やがてなくなる
- 柄にささくれた鱗片がある。粘性はない
- ひだは黄色っぽく、のちに褐色
- 肉は朱赤色

腐生菌・材

春〜秋、針葉樹の枯れ木や切り株に生える。

シロナメツムタケ
Pholiota lenta

- ふちに綿くず状の鱗片がある
- 粘性がある
- 傘は白っぽい
- つばはなくなりやすい
- ひだは白色ののち、明るい褐色
- 柄は白色だが、下部はのちに褐色。ややささくれている。粘性はない

食 腐生菌・地

秋、マツ林やブナ林の地上や、くさった倒木に生える。

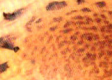

●モエギタケ科
ヌメリスギタケモドキ、ハナガサタケなど

ナメコと同じスギタケ属（*Pholiota*）だが、粘性はあったりなかったりする。粘性も、傘だけのものと傘も柄もぬめるものがある。つばはあるがなくなりやすい。つぼはない。胞子は明るいさび色。このページのものは材から生える腐生菌。

原寸大図鑑　ハラタケ目

褐色で三角形の大きな鱗片がある

ひだはうすい黄色ののち、さび褐色

つばは繊維状で、なくなりやすい

柄に繊維状の鱗片がある。粘性はない

傘は湿ると粘性があり、乾くと光沢がある

食　腐生菌・材
↑**ヌメリスギタケモドキ**
Pholiota cerifera
春〜秋、広葉樹の枯れ木に生える。

傘に粘性があり、乾くと光沢がある

褐色で三角形の大きな鱗片がある

ひだはうすい黄色ののち、さび褐色

つばはあるが、なくなりやすい

柄は黄色っぽい褐色の鱗片におおわれる。この鱗片に粘性がある

食　腐生菌・材
↑**ヌメリスギタケ**
Pholiota adiposa
初夏〜秋、ブナ科の広葉樹、特にブナの枯れ木や倒木に生える。

傘はささくれた鱗片におおわれる。粘性はない

ひだは緑がかったうすい黄色。のちに褐色

つばより下はささくれた鱗片におおわれる。粘性はない

つばは繊維質で茶色っぽい

毒　腐生菌・地
↑**スギタケ**
Pholiota squarrosa
夏〜秋、おもに地面に埋もれた材に生える。胃腸系の中毒を起こすこともある。

傘は繊維状の鱗片でおおわれるが落ちやすい。粘性はない

つばは繊維状で、なくなりやすい

ひだは黄色ののち、さび褐色

柄はささくれた鱗片におおわれる。粘性はない

注　腐生菌・材
ハナガサタケ→
Pholiota flammans
秋、針葉樹の枯れ木や切り株に生える。肉は黄色く、苦味がある。胃腸系の中毒を起こすこともある。

くらべるきのこ

『今昔物語』のころから伝わる毒きのこ

毒　**オオワライタケ**→p.84

傘に粘性はなく、鱗片ではなく繊維紋におおわれる

柄にも粘性はない

80

ヌメリスギタケモドキ。
ヤナギの枯れ木のあちこちから発生していた

●モエギタケ科
サケツバタケ、ヤナギマツタケなど

原寸大図鑑 ハラタケ目

一部をのぞき、つばがある。つぼはない。胞子は紫がかった黒色だが、右ページのきのこの胞子は少し明るい。落ち葉や材から出る腐生菌で、サケツバタケ、タマムクエタケ、ツバナシフミヅキタケは、地面にまかれた木材チップからも出る。

食 腐生菌・地
↓ **キサケツバタケ**
Stropharia rugosoannulata f. lutea
春〜秋、道ばた、畑、チップをまいた庭などに生える。

傘はなめらか

食 腐生菌・地
サケツバタケ →
Stropharia rugosoannulata
春〜秋、道ばた、畑、チップをまいた庭などに生える。

肉は白色

柄の根元はふくらむ

ひだは白色ののち暗い紫色を帯びた灰色

つばは厚い膜質で、ふちが裂ける

柄に絹糸のような光沢があり、つばより下は白色ののち、あわい褐色

傘の色以外は、サケツバタケと同じ

中央が突き出ることがある

傘は湿るとやや粘性

ふちのほうに綿毛のような鱗片があるが、なくなりやすい

つばは、落ちやすい

ひだは白色ののち褐色を帯びる

つばは膜質

ふちのほうに綿毛のような鱗片

傘は若いときは粘液におおわれ、青緑色。粘液を失うにつれて黄色っぽくなり、乾くと光沢

柄は、つばより下に綿毛のような鱗片

腐生菌・地
← **モエギタケ**
Stropharia aeruginosa
夏〜初冬、おもに広葉樹林に生える。

毒 腐生菌・地
カバイロタケ →
Leratiomyces squamosus var. thraustus
秋、林や畑などに生える。

ひだは白色ののち紫色っぽい黒色

柄は曲がりくねることが多い

82

食 腐生菌・材
← ヤナギマツタケ
Agrocybe cylindrica

春〜秋、ハコヤナギ、カエデ、ニレなどの広葉樹の木の幹から生える。都会の街路樹にも出る。

傘に浅いしわがある

傘に小じわがある

柄は繊維状

内被膜は、のちに膜質の大きなつばになる

ひだは褐色を帯びる

ひだはのちに暗い褐色

毒 腐生菌・地
ツバナシフミヅキタケ →
Agrocybe farinacea

春〜夏、畑、堆肥、枯れ草、くさった倒木などに生える。本州に分布。肉に米粉のようなにおいがある。幻覚性の中毒を起こす。

柄の上部は粉っぽく、下部は繊維状の条線

ひだはのちに暗い褐色

湿ると条線

中央に放射状のしわがあることがある

腐生菌・地
← タマムクエタケ
Agrocybe arvalis

夏〜秋、畑や明るい林に生える。肉は苦い。

柄は地中の菌核につながる

菌核は黒っぽい

傘は湿るとやや粘性があり、条線があらわれる。乾くと条線は消え、色も明るくなる

つばは白色で膜質、上面に条線

食 腐生菌・地
← ツチナメコ
Agrocybe erebia

夏〜秋、林や庭に生える。

つばがある

ひだはのちに暗い褐色

食 腐生菌・地
フミヅキタケ →
Agrocybe praecox

春〜秋、草地や道ばたなどに生える。

柄は傘と同じ色。下部は少しふくらむ

83

●モエギタケ科など
ヒカゲシビレタケ、オオワライタケなど

神経に作用する毒きのこで、サイロシビンおよびサイロシンを含むものは麻薬原料植物として所持も使用も法律で禁止。シビレタケ属（*Psilocybe*）の胞子は紫がかった黒色で草地の腐生菌。オオワライタケの胞子は明るいさび色。

原寸大図鑑　ハラタケ目

- 中央は突出し、乾くと黄色っぽくなる
- 青色のしみができる
- ひだは、のちに暗い色調の褐色
- 束になって生えたり、群生することもある
- 柄はだんだら模様。傷つくと青色に変色する

毒 腐生菌・地
↑ヒカゲシビレタケ
モエギタケ科
Psilocybe argentipes
夏〜秋、道ばた、公園、雑木林などに生える。サイロシビンを含む。

- ひだは灰色がかった褐色ののち黒色
- 傘は湿ると粘性があり、条線を表す。乾くと黄土色

毒 腐生菌・地
トフンタケ→
モエギタケ科
Psilocybe coprophila
夏〜秋、ウマやウサギのふんに生える。特に雨の時期に多い。サイロシビンを含む。

- 変色性はない
- 束になって生えたり、群生することもある

- 傘は湿ると粘性があり、条線を表す。乾くと光沢
- 内被膜がある
- 柄は白色で絹のような光沢がある
- ふちに綿毛のような被膜の名残
- ひだは灰色がかった褐色ののち黒色
- 傷つくと青変
- 根元に粗い毛がある

毒 腐生菌・地
←アイセンボンタケ
モエギタケ科
Psilocybe fasciata
秋、雑木林、竹林、籾殻をまいた地面などに生える。該当成分を含む。

- つばはあわい黄色で膜質
- ひだは黄色っぽいが、のちに明るいさび色
- 柄は繊維状で、根元が太い
- 肉は黄色っぽく苦い
- 粘性はない
- 傘は細かい繊維紋でおおわれる

毒 腐生菌・材
↑オオワライタケ
所属科未確定
Gymnopilus spectabilis
夏〜秋、ブナ科を中心とする広葉樹の枯れ木の根際などに生える。神経系の中毒を起こし、食後、5〜10分で、ふるえや寒気、めまいが起こり、大量に食べると幻覚や幻聴が起こる。

くらべるきのこ
傘の粘性で見わける
食 ヌメリスギタケモドキ
→p.80

- 湿ると粘性がある
- 三角形の大きな鱗片

84

●オキナタケ科
ワライタケ、キショウゲンジなど

毒マークのものは神経に作用する毒きのこで、ワライタケとセンボンサイギョウガサは麻薬原料植物に指定されている。ワライタケ属（Panaeolus）の胞子は黒っぽく、馬糞があるような草地に生える腐生菌。

傘は不規則にひび割れることがある

乾くと色がうすくなる

ひだは灰色ののち黒色

ふちから外被膜の名残が下がる

柄は折れやすい

毒 腐生菌・地
←ワライタケ
Panaeolus papilionaceus

春〜秋、牧草地、畑、ウシやウマのふんの上などに生える。サイロシビンを含む。

ひだはのちに黒色

毒 腐生菌・地
ジンガサタケ→
Panaeolus semiovatus var. semiovatus

早春〜秋、畑やウシやウマのふんの上などに生える。サイロシビンを含む。

つばは白色で膜質

柄の下部はあわい褐色をおびる

根元はやや太い

傘は湿ると粘性があり、乾くとひび割れることがある

毒 腐生菌・地
←センボンサイギョウガサ
Panaeolus subbalteatus

早春〜秋、畑、ウシやウマのふんの上などに生える。サイロシビンを含む。ワライタケよりも毒性が強い。

乾くと明るい色

傘は吸水性があり、湿ると褐色

柄の上部は細かい粉を帯びる

ひだは、のちに黒色

成長するとふちのほうに溝線が現れる

ひだは、のちにあわい褐色

傘に粘性がある

肉はうすく、全体に壊れやすい

菌根菌・地
←キショウゲンジ
Descolea flavoannulata

夏〜秋、マツ、カラマツなどの針葉樹林、ブナ科の広葉樹林に生える。ふつうは食べない。

傘に黄色の外被膜の破片が鱗片として残り、放射状のしわがある

つばは黄色で膜質

ひだは黄色っぽい褐色ののち暗いにっけい色

不完全な環状のつばの名残

腐生菌・地
←シワナシキオキナタケ
Bolbitius titubans var. titubans

夏〜秋、畑、ウシやウマのふんの上などに生える。

くらべるきのこ

以前は同じグループだった

食 ショウゲンジ →p.91

傘に外被膜の破片が残らない

85

●アセタケ科
オオキヌハダトマヤタケ など

傘の中央が突出し、表面がささくれているのが特徴。つばやつぼはない。ひだはクリーム色で、胞子は汚れた褐色。中毒すると汗をかくものもある。

原寸大図鑑　ハラタケ目

傘は開いても中央は突出したまま

ひだはのちにオリーブ褐色

傘の表面は繊維状で、放射状に細かく裂ける

傘は繊維状

全体的に黄色っぽい

ひだはのちに汚褐色

傘の表面は繊維状で、のちに放射状に裂ける

柄の表面は繊維状で、中空

菌根菌
↑タマアセタケ
Inocybe sphaerospora
秋、ブナ科の樹木の下に生える。

柄は繊維状

毒 菌根菌
↑オオキヌハダトマヤタケ
Inocybe fastigiata
夏〜秋、ブナ科の樹木の下に生える。

菌根菌
↑カバイロトマヤタケ
Inocybe aureostipes
春〜秋、林の地上に生える。

傘の中央が突出しないアセタケらしくないアセタケ

傘は繊維状で放射状に裂ける

傘の表面に押しつけたような鱗片がある

傘は少しささくれていて、鱗片は大きめ

柄の基部はふくらむ

菌根菌
↑ミナカタトマヤタケ
Inocybe glabrodisca
春〜秋、広葉樹の林に生える。

菌根菌
↑ザラツキキトマヤタケ
Inocybe dulcamara
夏〜秋、林の地上に生える。

注 菌根菌
↑コバヤシアセタケ
Inocybe kobayasii
夏〜秋、林の地上に生える。

●ヒメノガステル科
アシナガヌメリ、ナガエノスギタケなど

つばは膜質のものもあればクモの巣状のものもある。つぼはない。胞子は褐色系。動物の死体や糞尿が分解された跡から生えるアンモニア菌や、モグラの便所跡から生えるものもある。

傘は湿ると粘性

ひだは白いが、のちに赤褐色を帯びる

傘には粘性があり、褐色を帯びた鱗片があることもある

つばは膜質

菌根菌
↓**アシナガヌメリ**
Hebeloma spoliatum
夏〜秋に生える。アンモニア菌の一種で、死体の分解跡、モグラやクロスズメバチの地下の巣の跡などから発生。

ここから下が地中

地中の柄は細く長い

毒 菌根菌
↑**アカヒダワカフサタケ**
Hebeloma vinosophyllum
夏〜秋に生える。アンモニア菌の一種で、動物の死体があった跡などから発生。

傘は湿ると粘性がある

食 菌根菌
ナガエノスギタケ→
Hebeloma sagarae
秋に生える。モグラの巣の便所跡から生えるきのこで、柄が地中に長く伸びている。肉質はかたい。中毒の恐れもあると言われている。

傘に条線がある

ここから下が地中

地中に長くのびる

腐生菌・地
↑**ヒメコガサ**
Galerina subcerina
春〜秋に多いが、ほぼ一年中見られる。ハイゴケ、シラガゴケ、オオスギゴケ、クモノスゴケなどの間から生える。

モグラの便所跡に菌塊が繁茂し、菌根をつくる樹木の根も絡んでいる

87

●フウセンタケ科　紫色のフウセンタケ
ムレオフウセンタケ など

フウセンタケ属（Cortinarius）は、傘と柄の間に「クモの巣状膜」という糸状の内被膜があるのが特徴。つばとしてはっきり柄に残りにくいが、胞子に染まるとわかりやすい。胞子はさび色。すべて菌根菌。

傘に放射状の細かいしわがあり、粘性がある

内被膜はクモの巣状膜

ひだは白色ののちにっけい色

ムレオフウセンタケ。アカマツの混じるコナラ林に生えた

柄の下半分は、のちに黄色っぽくなる

食　菌根菌
ムレオフウセンタケ➡
Cortinarius praestans

秋、石灰岩地帯のブナ科の広葉樹林に生える。大型でがっちりしていて肉厚。肉は黄色っぽい。

若いうちは、白色の外被膜の名残でおおわれている

傘は、ささくれ状の小さな鱗片に密におおわれる。粘性はない

ひだははじめから紫色で、のちにさび色

クモの巣状膜の名残に胞子が付着している

柄の根元は、ややふくらむ

食　菌根菌
⬅**ムラサキフウセンタケ**
Cortinarius violaceus

秋、コナラやブナなどの広葉樹林に生える。針葉樹に生えるものは別種とされている。肉は、苦みのあるものもある。

原寸大図鑑　ハラタケ目

菌根菌
オオウスムラサキフウセンタケ➡
Cortinarius traganus

秋、亜高山帯や北方のトウヒ、オオシラビソなどの針葉樹林に生える。富士山に多い。ガスのような不快なにおいがある。大型。

全体にあわい紫色だが、古くなると黄色っぽくなる

肉はにっけい色

ひだは、のちにさび色

傘に粘性はない

傘に絹糸のような光沢があるときがある。湿るとわずかに粘性

全体にうすい紫色を帯びている

ひだは、はじめはあわい紫色を帯びる

菌根菌
ウメウスフジフウセンタケ➡
Cortinarius prunicola

春、ウメハルシメジ（→ p.49）のあとを追うようにして、同じ場所に生え、ウメハルシメジに寄生していると言われている。

菌根菌
ウスフジフウセンタケ➡
Cortinarius alboviolaceus

秋、広葉樹の近くに生える。肉は紫色を帯びた白色で、無味無臭。

傘に絹糸のような光沢があるが、粘性はない

傘は粘性があり、中央は褐色を帯びる

ひだは、あわい紫色から、のちにさび色になる

クモの巣状膜の名残。胞子が付着して色づいている

ひだは、あわい紫色ののち、さび色になる

食 菌根菌
⬅ムラサキアブラシメジモドキ
Cortinarius salor

秋、さまざまな林に生える。はじめは、ぬめりのある外被膜におおわれている。肉質はやわらか。苦味はない。

柄の下部は、のちに黄色っぽくなる

柄の下部は、外被膜の名残におおわれ、根元はこん棒のようにふくらむ

●**フウセンタケ科** 茶色で傘に鱗片のないフウセンタケ
オオツガタケ、ショウゲンジなど

フウセンタケ属（*Cortinarius*）のなかでも茶色っぽく、傘に鱗片のないものを集めた。菌根菌で胞子はさび色であること、クモの巣状膜をもつことは共通の特徴だが、かつては別のグループに属していたショウゲンジだけは膜質のつばをもつ。

原寸大図鑑　ハラタケ目

食　菌根菌
↓ツバアブラシメジ
Cortinarius collinitus

秋、トウヒやマツなどの針葉樹林に生える。柄は、はじめは粘性のある外被膜におおわれているが、成長するとささくれて茶色っぽい地肌があらわれる。

傘に粘性がある

ひだは、のちにさび色になる

粘性のある外被膜

地肌には粘性がない

傘に粘性がある

外被膜の名残

ひだは白色ののち褐色を帯びる

柄は、ふかふかとした菌糸におおわれ、下に向かって細い。粘性はない

食　菌根菌
←オオツガタケ
Cortinarius claricolor

夏〜秋、亜高山帯のコメツガやカラマツなどの針葉樹林に生える。

ミズナラ、シラカバ、コメツガなどの林に生えたオオツガタケ

傘は湿ると
粘性がある

ひだは、のちに
さび色になる

🍴 菌根菌
↓ツバフウセンタケ
Cortinarius armillatus

秋、シラカバなどの広葉樹林に生える。特徴のある朱色をしている。

傘にも柄にも
粘性はない

柄は
曲がることが
多い

ひだは幅が広く、
のちに暗いさび色になる

柄は、上のほうは菌糸で
おおわれているが、
下のほうはおおわれて
いない。粘性はない

柄に朱色の
輪がある

🍴 菌根菌
↑クリフウセンタケ
（ニセアブラシメジ）
Cortinarius tenuipes

秋、コナラ、クヌギ、ミズナラなどの広葉樹林に生える。カキシメジという地方名があるが、本物のカキシメジは有毒なので混同しないようにする。

柄の根元は
ふくらむ

傘に放射状の
浅いしわがある

ひだは、
のちにあわい
さび色になる

つばは膜質

柄にも
傘にも
粘性はない

**くらべる
きのこ**

質感は似ているが
色が濃く、
食べられない

キショウゲンジ→p.85

🍴 菌根菌
ショウゲンジ→
Cortinarius caperatus

秋、アカマツ、コメツガなどの針葉樹林や、コナラ、コジイなどの広葉樹林に生える。マツタケと同じ環境に生え、ショウゲンジが出るとマツタケが出なくなる。

傘に
鱗片がある

つばは上面に
条線がある

柄の色が濃い

91

●フウセンタケ科　茶色で傘に鱗片のあるフウセンタケ

キンチャフウセンタケなど

フウセンタケ属（*Cortinarius*）のなかでも傘に鱗片のあるものを中心に集めた。鱗片のあるものは柄にもささくれが目立つ。カワムラジンガサタケとナメニセムクエタケは別属のきのこ。

原寸大図鑑　ハラタケ目

傘は繊維状のややささくれた小鱗片におおわれる

ひだは黄土色で、のちにさび色

傘は細かい鱗片に密におおわれる

傘の中央が突出している

ひだははじめから茶色

柄もささくれている

柄はささくれていて、だんだら模様

根元はふくらむ

根元は塊茎状にふくらむ

菌根菌
↑キンチャフウセンタケ
Cortinarius aureobrunneus
秋、シイやコナラなどの広葉樹林に生える。肉はあわい黄土色。

毒　菌根菌
↑ジンガサドクフウセンタケ
Cortinarius rubellus
秋に生える。日本では、八ヶ岳と富士山の亜高山帯の針葉樹林などで確認されている。ヨーロッパや北アメリカでは猛毒のきのことして知られていて、毒は腎臓に作用する。

食　菌根菌
↓ササクレフウセンタケ
Cortinarius pholideus
夏〜秋、カバノキ属の広葉樹林に生える。肉は、純白ではなく、灰色みや褐色を帯びる。

ひだは紫色を帯びているが、のちにさび色

×1.9

クモの巣状膜

傘は細かい鱗片に密におおわれる

クモの巣状膜より下に黒褐色のささくれがある

菌根菌
オニフウセンタケ→
Cortinarius nigrosquamosus
秋、クヌギ、コナラ、シイなどの広葉樹林に生える。関西以西に多い。傘の地色はあわい黄土色。肉も黄色っぽく、ややもろい。

ひだは、さび色

傘は黒い鱗片におおわれる

クモの巣状膜より下に黒色のささくれがある

下に向かってこん棒状にふくらむ

92

傘は中央が突出

傘は湿ると条線があらわれる。乾くと条線は消えて、色も全体にあわくなる

クモの巣状膜はあるが、消え去りやすい

柄は中空

若いときからくさったような色

傘は中央が突出していて、粘性がある

[菌根菌]
←トガリニセフウセンタケ
Cortinarius galeroides

秋、アカマツ・コナラ林やシイ・カシ林に群生する。関西以西に多い。フウセンタケのなかまにしては華奢。

傘は中央が突出していて、粘性がある

クモの巣状膜はない

柄に細かい毛が生えている

ここから下が地中

クモの巣状膜はない

[菌根菌]
カワムラジンガサタケ→
Phaeocollybia festiva

夏～秋、ミズナラ林に生える。北海道大学総長を務めた菌学者・伊藤誠哉（1883～1962年）が、同じく菌学者の川村清一（1881～1946年）にちなんで名づけた。川村清一は全8巻の大著『原色日本菌類図鑑』の著者で、植物学者の牧野富太郎と親交があった。

ここから下が地中

[菌根菌]
←ナメニセムクエタケ
Phaeocollybia christinae

秋、針葉樹林に生える。傘の色は明るい。小型。

地下部がとても長い

柄は地下に長く伸びる。折れやすい

群生するカワムラジンガサタケ。柄は地中に深く伸びる

93

●ベニタケ科
ドクベニタケ、オキナクサハツなど

ベニタケ科は質がもろく、つばも、つぼもない。ベニタケ属（*Russula*）に分類されるものは傷ついても乳液は出さない。傘に環紋はないが、溝線のあるものが多い。胞子は白色～クリーム色。菌根菌。

原寸大図鑑 ベニタケ目

傘は開ききると中央がややくぼみ、ふちに粒状線があらわれる

ひだは白い

傘は湿ると粘性があり、雨にあうと色はあせる

柄の表面はあわいピンク

傘は開ききると中央部がくぼむ。表面は粉っぽいが湿ると粘性がある

柄は、ぼんやりと淡紫紅色

毒 菌根菌
↑ドクベニタケ
Russula emetica

夏～秋、マツやトウヒの針葉樹林や、広葉樹林に生える。肉に辛みがある。無臭。海外では死亡者も出ている毒きのこ。

傘の表面は粉っぽい。色はまだらなこともあり、雨にあうと色あせる

菌根菌
←ニオイコベニタケ
Russula bella

夏～秋、マツ林や雑木林に生える。カブトムシのようなにおいがする。

菌根菌
ケショウハツ→
Russula violeipes

夏～秋、針葉樹林にも広葉樹林にも生える。カブトムシのようなにおいがする。

傘の表面にしわが多く、ぼろぼろした感じ

ひだは汚白色で、縁が褐色

傘は開ききると中央部がくぼみ、湿ると粘性がある

粒状線がある

溝線がある

柄に褐色の細点がある

ひだはクリーム白色で、汚褐色のしみができ、水滴を分泌する

ひだは厚くて疎で、白から黒色になる

毒 菌根菌
↑オキナクサハツ
Russula senis

夏～秋、シイ、コナラなどのブナ科の近くに生える。多少臭みがあり、味は辛い。

菌根菌
↑クサハツモドキ
Russula grata

夏～秋、広葉樹林に生える。杏仁水のようなにおいがあり、味は辛い。

菌根菌
↑フタイロベニタケ
Russula viridirubrolimbata
夏〜秋、ブナ科の林に生える。関西のほうに多い。緑色が強いと、肉眼ではアイタケそっくりに見える。

緑色と暗赤色の2色だが、全体に暗赤色のこともある

傘は中央をのぞいて細かくひび割れ、淡緑色の地肌に濃色のかすり模様

食 菌根菌
アイタケ→
Russula virescens
夏〜秋、ブナ科やカバノキ科の林に生える。

傘は成長すると中央部がくぼむ。表面はビロード状〜粉状で、粘性はない

←ウコンハツ 菌根菌
Russula flavida
夏〜秋、アカマツ・コナラ林やコナラ・アカマツ林に生える。不快な臭気がある。

ひだは白色ののち、汚白色

傘は最初から中央がくぼんでいて、最終的に反り返る

傘は開ききると浅いじょうご形になり、表面は汚白色からほぼ黒色になる

傷つくとまず赤変し、のちに黒変する

毒 菌根菌
↓クロハツ
Russula nigricans
夏〜秋、ブナ科などの広葉樹林や針葉樹林に生える。上からヤグラタケ（→ p.47）が生えてくることもある。

ひだと柄の境目が青みがかる

食 菌根菌
シロハツ→
Russula delica
夏〜秋、さまざまな林に生える。味は最初は感じないが、だんだん辛くなる。有毒のシロハツモドキとよく似ているが本種のほうがひだは疎。

●ベニタケ科
チチタケなど

ベニタケ科のなかでもチチタケ属（*Lactarius*）に分類されるものは、傷つくと乳液を分泌する。乳液の色はさまざまで、変色するものもあり、味もさまざま。傘に環紋、柄にあばた模様があるものもある。つばも、つぼももたない。胞子は白色〜クリーム色。すべて菌根菌。p.98も同様。

原寸大図鑑　ベニタケ目

傘は綿毛状鱗片でおおわれ、開ききるとじょうご形で、粘性がある

菌根菌
ウスキチチタケ→
Lactarius aspideus
秋、広葉樹林に生える。傷つくと紫色に変色する。

傘のふちに微毛が生え、湿ると粘性

乳液は白色。乾くと紫色になる

けば立つ

柄にあばた模様

乳液は白色で、辛く、変色しない

毒　菌根菌
←キカラハツダケ
Lactarius scrobiculatus
夏〜秋、針葉樹林に生える。乳液は白色で辛味と渋味があり、すぐ黄変。よく似たキカラハツモドキの乳液は白色で変色性はない。消化器系の中毒を起こす。

柄にあばた模様

ひだはきわめて密で、幅も狭い。垂生

傘は中央がくぼみ、開ききるとじょうご形

傘は、開ききるとじょうご形

わずかに環紋がある。湿ると粘性

少ししわがある。粘性はない

くらべるきのこ
シロハツ→p.95
傷をつけても乳液を出さない。

注　菌根菌
←ツチカブリ
Lactarius piperatus
夏〜秋、ブナ科の広葉樹林に生える。味はとても辛い。

食　菌根菌
キハツダケ→
Lactarius tottoriensis
秋、おもにモミ属の樹下に生える。辛味はないが苦味がある。

96

乳液は赤く、そのまま赤いしみになる

ひだは傘より色が濃い

柄にあばた模様

傘はややじょうご形で、環紋がある

乳液は白色で、のちに褐色になる

傘は中央がくぼみ、ややじょうご形

表面はビロード状

食 菌根菌
チチタケ→
Lactarius volemus

夏〜秋、ブナ科の広葉樹林に生える。肉のにおいは、乾くと干したニシンのようになる。栃木で人気が高い。

食 菌根菌
↑アカモミタケ
Lactarius laeticolor

夏〜秋、おもにモミ林に生える。

乳液は白色で、青緑色になる

ふちに綿毛

乳液は白色で、変色しない。辛味は強い

環紋が濃く、繊維におおわれる

毒 菌根菌
カラハツタケ→
Lactarius torminosus

夏〜秋、広葉樹林に生える。シラカバ、ダケカンバなどと菌根をつくる。

傘は、開ききるとじょうご形

乳液は白色で、変色しない。辛味は強い

傘は中央がくぼみ、湿ると粘性が強い

ひだは密

柄も粘性があり、あばた模様がある

菌根菌
ヌメリアカチチタケ→
Lactarius hysginus

夏〜秋、針葉樹林に生える。環紋はあらわれないことも多く、あってもぼんやりしている。辛く、とても食べられない。

97

●ベニタケ科
ハツタケなど

環紋は
ほとんど
ない

ひだは
クリーム色

傘は開ききると
じょうご形になるが、
へこみの中央には少し
盛りあがる部分がある

傘は
ビロード状で
放射状の
しわがある

乳液は
白色で、
紫色になる

傘は湿ると
粘性が強い

柄は、
わずかな
粘性

乳液は
水っぽい
白色で、
赤色になる。
少し苦い

食 菌根菌
↓キチチタケ
Lactarius chrysorrheus
夏～秋、アカマツ・コナラ
林に生える。胃腸系の中毒
を起こすこともある。

食 菌根菌
←クロチチタケ
Lactarius lignyotus
夏～秋、標高のやや
高い針葉樹林のコケの
多い地上に生える。

菌根菌
↑トビチャチチタケ
Lactarius uvidus
夏～秋、広葉樹林にも針
葉樹林にも発生する。乳液
は辛いが、最初は味を感じ
ない。

乳液は白色だ
が、すぐに黄
色くなる。辛い

中央は、
ややくぼむ

環紋がある

中央は、
ややくぼむ

傘は湿ると、
やや粘性がある

全体に
赤っぽい

傘は湿ると、
やや粘性がある
環紋がある

傘はビロード状で
しわが多い

乳液は白色だが、
変色しない。
辛味もない

ひだはクリーム色。
クロチチタケ
よりも疎

乳液はワインのような
赤色だが、時間が
たつと青緑色になる

菌根菌
クロチチダマシ→
Lactarius gerardii
夏～秋、コナラ・クヌギ
林、シイ・カシ林、アカ
マツ・コナラ林に生える。
クロチチタケに似るが低
地に多い。

食 菌根菌
↑ハツタケ
Lactarius hatsudake
夏～秋、マツ林に生える。
千葉で人気が高い。

●ヒダハタケ科、オウギタケ科など
ヒダハタケ、オウギタケなど

イグチ類は、傘の裏が管孔であることで知られているが、いくつかの科にまたがって、ひだをもつものもある。胞子は濃い色のものが多い。

- 傘は古くなると反り返る
- ふちに毛が生えている
- 傷つくと褐色になる
- 表面は湿ると少し粘性がある
- ひだは垂生

毒 菌根菌
↑ヒダハタケ　ヒダハタケ科
Paxillus involutus

夏〜秋、針葉樹林にも広葉樹林にも生える。菌根菌だが倒木にも生える。中毒すると赤血球が破壊され、肝臓に障害が出る。海外では死亡例もある。

- 傘の表面はビロード状
- 傷つくと青色になる

毒 菌根菌
イロガワリキヒダタケ→
イグチ科
Phylloporus cyanescens

夏〜秋、ブナ科の広葉樹林に生える。肉は傘ではクリーム色、柄では黄色。よく似たキヒダタケは肉は白〜淡紅色で、傷つくと赤っぽくなる。ミヤマキヒダタケの肉は白色で、傷ついても変色しないが、ひだは少し青くなる。

- ひだは疎で、傘と同色だがのちに黒っぽくなる
- 傘は中央が浅くくぼみ、湿ると粘性がある
- 縁にまつげのような毛があるが落ちやすい

←シロクモノスタケ
ヒダハタケ科
Ripartites tricholomas

秋、針葉樹林に生える。こすると、やや赤くなる。キシメジ科またはフウセンタケ科とする考えもある。

- 傘も柄も綿毛状の鱗片におおわれる
- 傘は粘性が強く、古くなると黒いしみができる
- ひだは、やや疎で垂生
- つばは綿毛状

食 菌根菌
↑フサクギタケ
オウギタケ科
Chroogomphus tomentosus

秋、針葉樹林に生える。

食 菌根菌
オウギタケ→
オウギタケ科
Gomphidius roseus

夏〜秋、マツ林に生える。アミタケ(→p.102)といっしょに生えていることも多い。

●イグチ科など　赤色のイグチ
バライロウラベニイロガワリ、ベニイグチなど

管孔があればイグチ類だが、多くはつばも、つぼもない。全体の色や形、孔口の特徴、肉の変色性などで見わける。胞子の色はさまざま。すべて菌根菌。ここでは赤色のものを集めた。

ところどころ色があせていることもある

傘はなめらかで、湿ると強い粘性がある

柄は成長にしたがってひび割れ、肉が見える。中実

傷つくと管孔は青色に変色するが、肉は変色しない

毒　菌根菌
バライロウラベニイロガワリ→
イグチ科　*Boletus rhodocarpus*

夏～秋、コメツガやシラビソなどの亜高山帯の針葉樹林に生える。激しい下痢などの胃腸系の中毒を起こす。

傘は繊維状の小さな鱗片におおわれる

柄に網目があるが、ないものもある。中実

孔口は赤色

若いときは、あわい灰褐色

管孔は黄色

傷つくと青色に変色する

菌根菌
↑アカネアミアシイグチ
イグチ科　*Boletus kermesinus*

夏～秋、本州中部のオオシラビソやコメツガなどの亜高山帯の針葉樹林に生える。

くらべるきのこ
アシベニイグチ
→p.105
低地に多く、傘の裏は黄色。

くらべるきのこ
カラマツベニハナイグチ
→p.113
柄が「ウツロ」ではなく、中実。

管孔はワイン色を帯びる

菌根菌
↓クリカワヤシャイグチ
イグチ科　*Austroboletus gracilis*

夏～秋、ブナ科の樹木やアカマツ、モミの近くに生える。

湿ると粘性がある

傘はビロード状で、細かくひび割れることもある。

柄もビロード状で、不明瞭だが網目模様がある

菌根菌
ウツロベニハナイグチ→
ヌメリイグチ科　*Boletinus asiaticus*

夏～秋、カラマツ林に生える。ウツロは「空ろ」で、柄が中空であることを示す。

孔口は放射状に並ぶ

ふちにつばの名残がある

管孔は垂生

柄は鱗片でおおわれる

つばは膜質

傘は繊維状の細かい鱗片におおわれる

柄は中空、肉は黄色で変色しない

傘はビロード状で、しばしば細かくひび割れる。粘性はない

鮮やかな赤色

傘はなめらか

孔口も肉も黄色で、傷つくと青色に変色する

柄に赤色の条線がある。ときには全面が濃い赤色になる

柄に網目模様と細点がある。粘性はない

食 菌根菌
↑ コウジタケ　イグチ科
Boletus fraternus

夏〜秋、広葉樹の近くに生える。花壇や芝生に生えることもある。こうじのような甘いにおいがする。

傘はややビロード状で、湿ると少し粘性がある

管孔は黄色ののち緑色になる

菌根菌
← ベニイグチ
イグチ科
Heimioporus japonicus

夏〜秋、シイ・カシ林、アカマツ・コナラ林などに生える。

肉は、うすい黄色で、傷つくと赤色になるか変色しない

菌根菌
← アシナガイグチ
イグチ科
Boletellus elatus

夏〜秋、ブナ科の樹木の近くに生える。

肉は、うすい黄色で、傷つくとかすかに青色になるか変色しない

柄は細長く、根元近くで太くなり、曲がる。やわらかい毛も生えている。粘性はない

くらべるきのこ　**柄に粘性がある**
ヌメリコウジタケ→p.102

柄にも粘性があり、肉は、はじめは赤みを帯びているが、のちにほぼ白色。

101

●ヌメリイグチ科など　傘に粘性があるイグチ
ヌメリコウジタケ、ハナイグチなど

まっ赤なものをのぞいて、傘の粘性が強いものを集めた。ヌメリイグチ科は、名前のとおり粘性があることが特徴だが、それ以外のグループにも粘性をもつものがある。粘性のあるものは、食用として好まれるものも多い。柄に鱗片が目立つものは、p.111 参照。

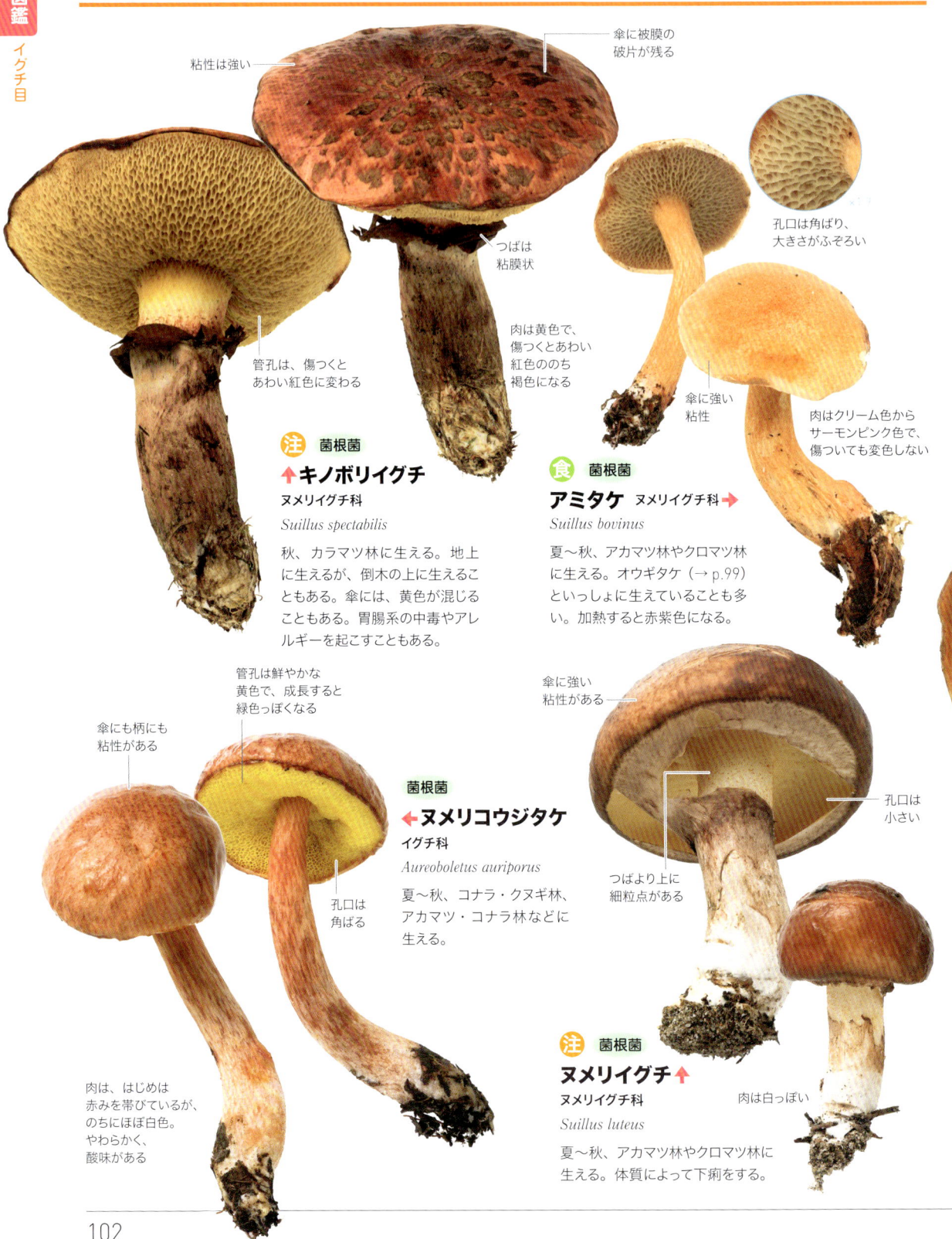

原寸大図鑑　イグチ目

- 粘性は強い
- 傘に被膜の破片が残る
- つばは粘膜状
- 管孔は、傷つくとあわい紅色に変わる
- 肉は黄色で、傷つくとあわい紅色ののち褐色になる
- 孔口は角ばり、大きさがふぞろい
- 傘に強い粘性
- 肉はクリーム色からサーモンピンク色で、傷ついても変色しない

注　菌根菌
↑キノボリイグチ
ヌメリイグチ科
Suillus spectabilis

秋、カラマツ林に生える。地上に生えるが、倒木の上に生えることもある。傘には、黄色が混じることもある。胃腸系の中毒やアレルギーを起こすこともある。

食　菌根菌
アミタケ　ヌメリイグチ科→
Suillus bovinus

夏～秋、アカマツ林やクロマツ林に生える。オウギタケ（→ p.99）といっしょに生えていることも多い。加熱すると赤紫色になる。

- 傘にも柄にも粘性がある
- 管孔は鮮やかな黄色で、成長すると緑色っぽくなる
- 孔口は角ばる
- 傘に強い粘性がある
- つばより上に細粒点がある
- 孔口は小さい

菌根菌
←ヌメリコウジタケ
イグチ科
Aureoboletus auriporus

夏～秋、コナラ・クヌギ林、アカマツ・コナラ林などに生える。

肉は、はじめは赤みを帯びているが、のちにほぼ白色。やわらかく、酸味がある

注　菌根菌
ヌメリイグチ↑
ヌメリイグチ科
Suillus luteus

夏～秋、アカマツ林やクロマツ林に生える。体質によって下痢をする。

肉は白っぽい

傘に強い粘性がある

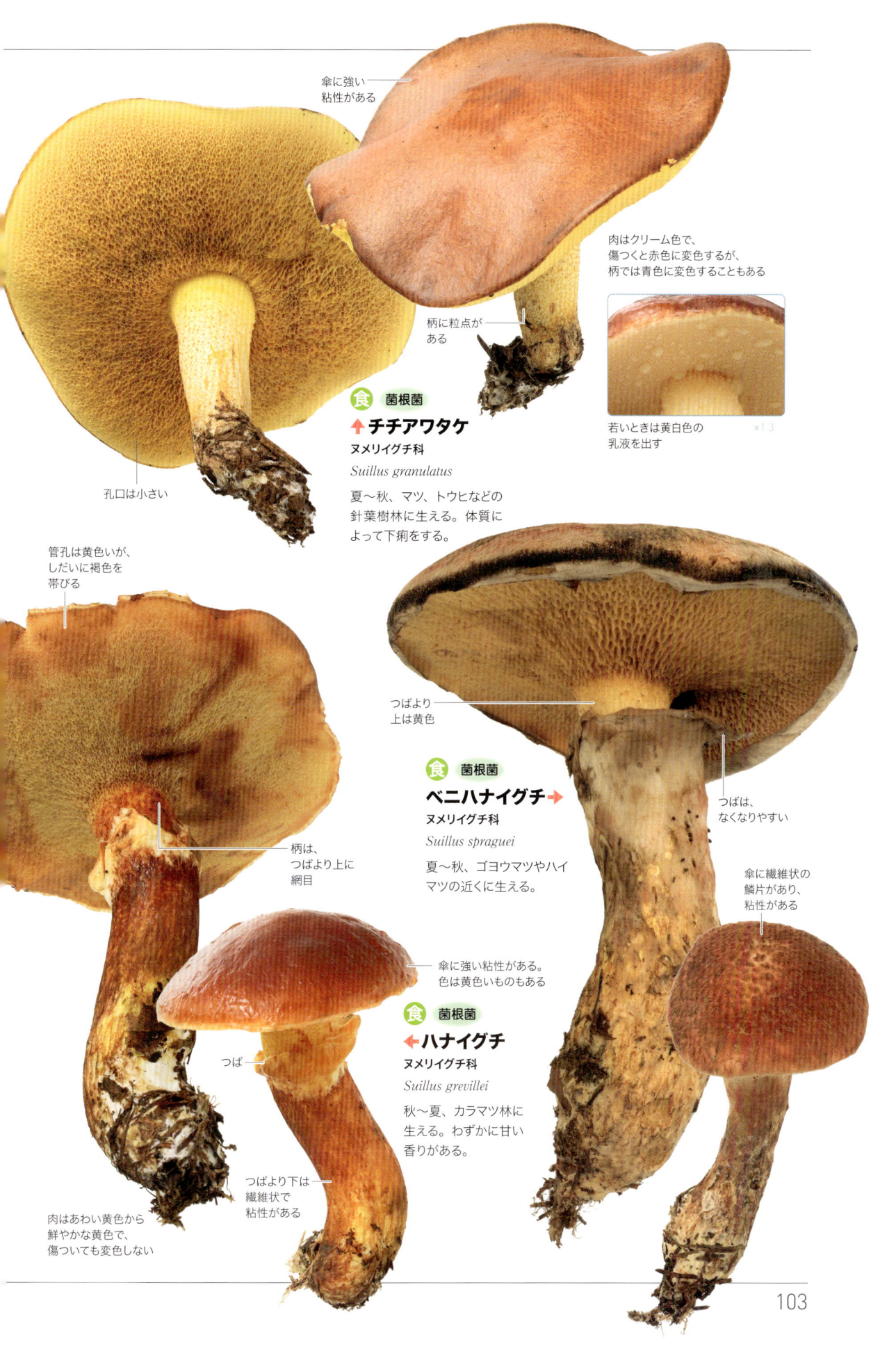

肉はクリーム色で、傷つくと赤色に変色するが、柄では青色に変色することもある

柄に粒点がある

孔口は小さい

若いときは黄白色の乳液を出す ×1.3

食 菌根菌
↑チチアワタケ
ヌメリイグチ科
Suillus granulatus
夏〜秋、マツ、トウヒなどの針葉樹林に生える。体質によって下痢をする。

管孔は黄色いが、しだいに褐色を帯びる

つばより上は黄色

食 菌根菌
ベニハナイグチ→
ヌメリイグチ科
Suillus spraguei
夏〜秋、ゴヨウマツやハイマツの近くに生える。

柄は、つばより上に網目

つばは、なくなりやすい

傘に繊維状の鱗片があり、粘性がある

傘に強い粘性がある。色は黄色いものもある

食 菌根菌
←ハナイグチ
ヌメリイグチ科
Suillus grevillei
秋〜夏、カラマツ林に生える。わずかに甘い香りがある。

つば

つばより下は繊維状で粘性がある

肉はあわい黄色から鮮やかな黄色で、傷ついても変色しない

103

●イグチ科、クリイロイグチ科　傘がフェルト状やビロード状のイグチ
アワタケ、ドクヤマドリなど

傘に触れたとき、ふかふかのものや、ビロード状の手触りのものを集めた。特に重要なのは有毒のドクヤマドリとニセアシベニイグチ。大型のもの（→ p.106）、柄に特徴があるもの（→ p.110）、管孔がピンク色などになるもの（→ p.114）は、各ページを参照。

原寸大図鑑　イグチ目

傘はフェルト状。ひび割れて黄色い肉が見えることもある

管孔も肉も、傷つくと、やや青色に変色する

柄の上部に縦の隆起線があることもある

食　菌根菌
← **アワタケ**
イグチ科
Xerocomus subtomentosus
夏〜秋、広葉樹の近くに生える。

寄生菌
タマノリイグチ →
イグチ科
Pseudoboletus astraeicola
夏〜秋、ツチグリ（→ p.127）から生える。福島以南に分布するが、めずらしい。肉はあわい黄色。

孔口も肉も、傷つくと青色に変色する

傘はフェルト状

柄の頂部は黄色、下のほうは傘と同色

ツチグリ

傘はフェルト状

管孔は白色ののちあわい黄色になる

傘はフェルト状で、湿ると粘性がある

孔口は、傷つくと青色ののち褐色に変色する

管孔は垂生

食　菌根菌
↑ **クリイロイグチ**
クリイロイグチ科
Gyroporus castaneus
夏〜秋、ブナ科の木の混じる広葉樹林または針葉樹林に生える。肉は白色で、変色しない。

食　菌根菌
↑ **ハンノキイグチ**
ヒダハタケ科　*Gyrodon lividus*
秋、ハンノキ属の近くに生える。香りがよい。肉はあわい黄色で、切断すると管孔の上部と柄の上部で青色に変色。

毒 菌根菌
↓アシベニイグチ
イグチ科
Boletus calopus

夏～秋、おもにアカマツ、コメツガの針葉樹林に生える。肉は黄白色で、傷つくとやや青色に変色する。味は苦い。

傘はフェルト状だが、成長するとなめらか

柄の頂部は黄色。それ以外は赤色で網目模様がある

管孔は、傷つくと青色に変色する

傘はビロード状で、粘性はない

肉は黄色で、傷つくとゆるやかに青色に変色する

柄に網目はない。古くなると赤っぽいしみができる

毒 菌根菌
ドクヤマドリ→
イグチ科
Boletus venenatus

夏～秋、シラビソやコメツガなどの亜高山帯の針葉樹林に生える。胃腸系の中毒を起こす。

傘はフェルト状

食 菌根菌
←イロガワリ
イグチ科
Boletus pulverulentus

夏～秋、広葉樹林および針葉樹林に生える。毒きのこのニセアシベニイグチと似ている。

柄の上部は黄色、下部は赤褐色で、全面に細点がある

管孔はうすく、黄色ののち汚れた褐色。傷つくと青色に変色する ×0.7

傘はフェルト状または無毛

管孔は垂生する

肉はあわい黄色で、傷つくとやや青色に変わる

柄は頂部に網目模様。下に向かってふくらみ、赤色を帯びる

肉は黄色で、傷つくと濃い青色に変色する ×0.8

毒 菌根菌
→ニセアシベニイグチ
イグチ科　*Boletus pseudocalopus*

夏～秋、ブナ科の木の近くや、アカマツ・コナラ林に生える。胃腸系の中毒を起こす。

くらべるきのこ

食べられるのは網目のあるほう

柄の上部に網目
食 ヤマドリタケ
→p.108

柄の全面に網目
食 ヤマドリタケモドキ
→p.109

105

●イグチ科　大きなイグチ
オオキノボリイグチなど

イグチ類のなかでも大型で、そのほかの特徴も際立っているきのこ。どちらも一度覚えてしまえば、他種とまちがえようがないきのこだろう。

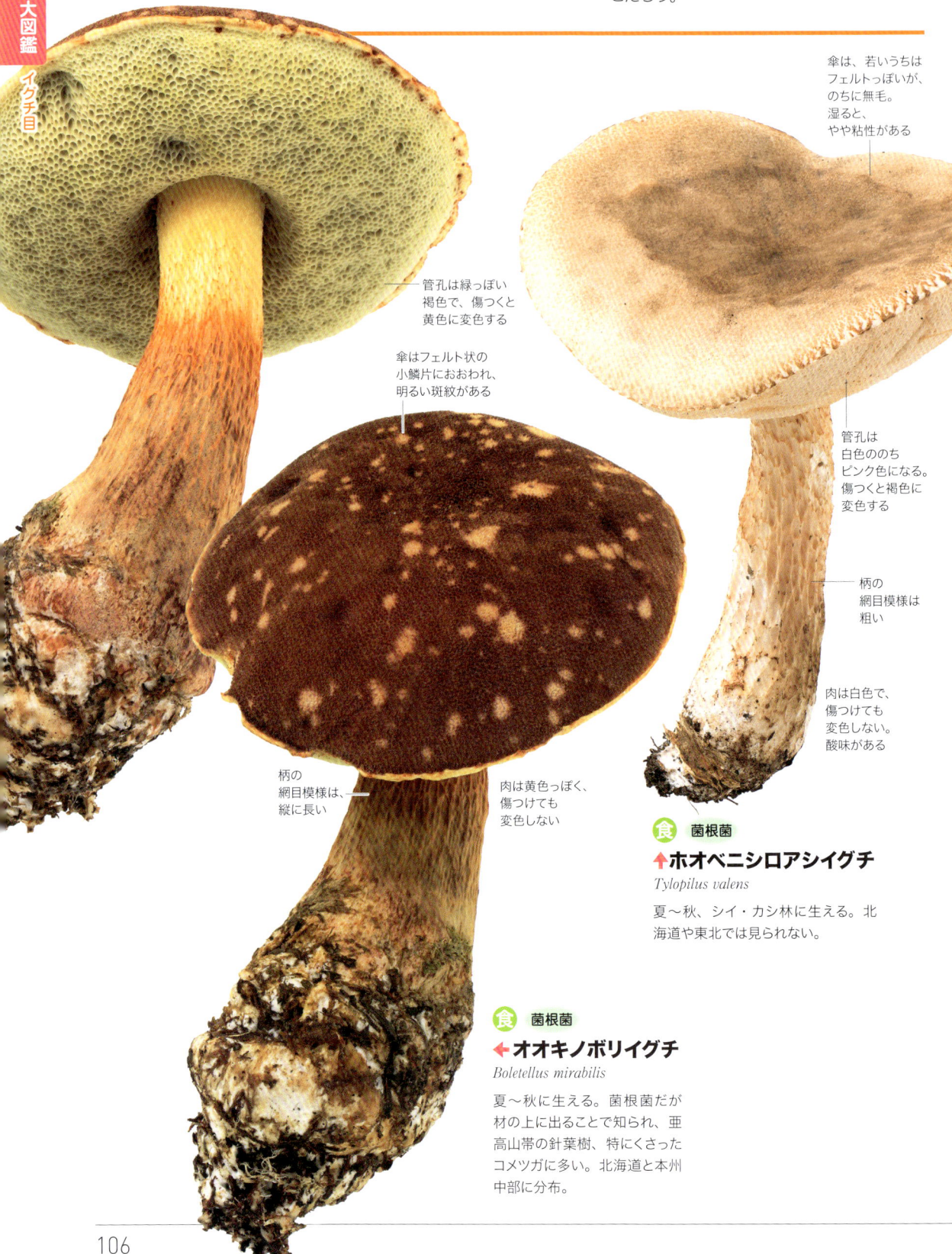

傘は、若いうちはフェルトっぽいが、のちに無毛。湿ると、やや粘性がある

管孔は緑っぽい褐色で、傷つくと黄色に変色する

傘はフェルト状の小鱗片におおわれ、明るい斑紋がある

管孔は白色ののちピンク色になる。傷つくと褐色に変色する

柄の網目模様は粗い

肉は白色で、傷つけても変色しない。酸味がある

柄の網目模様は、縦に長い

肉は黄色っぽく、傷つけても変色しない

食　菌根菌
↑ホオベニシロアシイグチ
Tylopilus valens

夏～秋、シイ・カシ林に生える。北海道や東北では見られない。

食　菌根菌
←オオキノボリイグチ
Boletellus mirabilis

夏～秋に生える。菌根菌だが材の上に出ることで知られ、亜高山帯の針葉樹、特にくさったコメツガに多い。北海道と本州中部に分布。

亜高山帯のシラビソ・コメツガ林に
生えたオオキノボリイグチ

●イグチ科　柄に網目のあるイグチ
ヤマドリタケ、セイタカイグチなど

柄の網目が目立つものを集めた。イタリア語で「ポルチーニ」と呼ばれ、食用きのことして有名なヤマドリタケや、それに近い仲間が多い。若いとき管孔は白い膜をかぶっているものが多い。

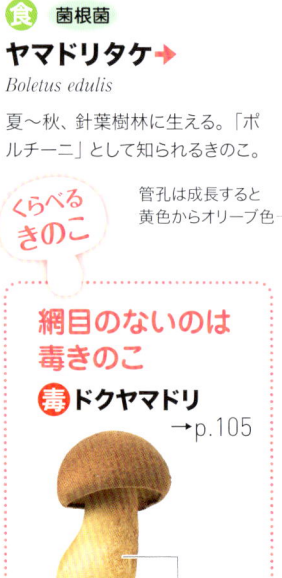

原寸大図鑑　イグチ目

食　菌根菌
ヤマドリタケ
Boletus edulis

夏～秋、針葉樹林に生える。「ポルチーニ」として知られるきのこ。

くらべるきのこ

網目のないのは毒きのこ

毒　ドクヤマドリ →p.105

- 柄に網目はなく、しばしば赤っぽいしみがある

- ヤマドリタケモドキより赤みが強い
- 傘は湿ると粘性
- 管孔は成長すると黄色からオリーブ色
- 柄の上部に網目模様
- 孔口は若いとき、白色のベールにおおわれる
- 肉は白色で、傷つけても変色しない

- なめらかで、粘性はない
- 管孔は黄色
- 孔口は若いとき、黄色のベールにおおわれる
- 柄の上半分に網目模様
- 肉はかたく、傷つけても青色に変化しない
- 根元はフェルト状の菌糸でおおわれる

食　菌根菌
コガネヤマドリ
Boletus aurantiosplendens

夏～秋、コナラ・クヌギ・ミズナラ・シイなどの広葉樹林に生える。

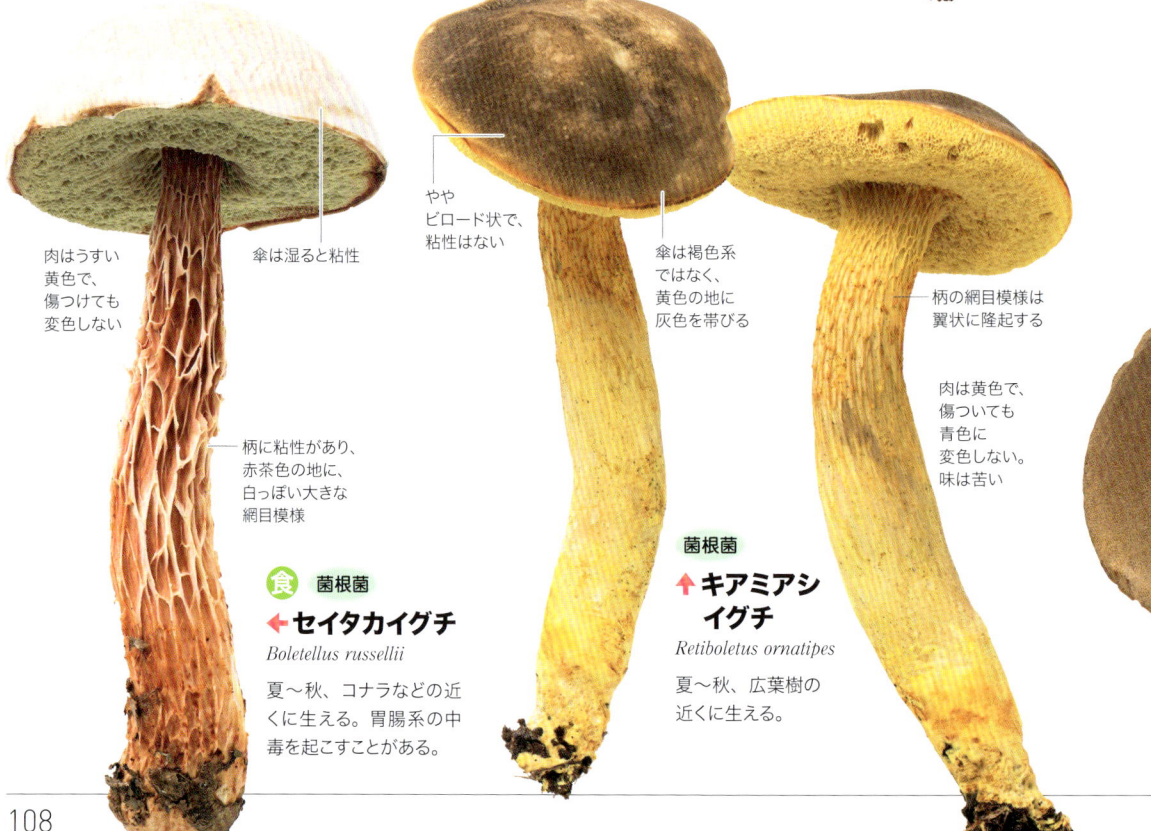

- 肉はうすい黄色で、傷つけても変色しない
- 傘は湿ると粘性
- 柄に粘性があり、赤茶色の地に、白っぽい大きな網目模様

食　菌根菌
セイタカイグチ
Boletellus russellii

夏～秋、コナラなどの近くに生える。胃腸系の中毒を起こすことがある。

- ややビロード状で、粘性はない
- 傘は褐色系ではなく、黄色の地に灰色を帯びる

菌根菌
キアミアシイグチ
Retiboletus ornatipes

夏～秋、広葉樹の近くに生える。

- 柄の網目模様は翼状に隆起する
- 肉は黄色で、傷ついても青色に変化しない。味は苦い

傘は湿ると、やや粘性があり、黄色やオリーブ色などのまだら模様がある

ベールがはがれて、管孔の黄色い地肌があらわれる

食 菌根菌
ムラサキヤマドリタケ ➡
Boletus violaceofuscus

夏〜秋、コナラ、クヌギ、シイなど、ブナ科の多い広葉樹林や、マツとの混生林に生える。本州以南に分布。見かけはやや異なるが、「ポルチーニ」の一種。

孔口は若いとき、白色のベールにおおわれる

紫色の柄に、白色の網目模様

肉は白色で、傷つけても変色しない

食 菌根菌
⬇ ヤマドリタケモドキ
Boletus reticulatus

夏〜秋、ブナ科の多い広葉樹林や、マツとの混生林に生える。ヤマドリタケとともに「ポルチーニ」とされている。

食 菌根菌
⬇ ススケヤマドリタケ
Boletus hiratsukae

夏〜秋、モミ林やアカマツ林、クロマツ林に生える。ヤマドリタケとともに「ポルチーニ」とされている。

孔口は、黄色くなる前は、白いベールでおおわれている

傘はなめらかだが、粉っぽい感じがある

肉は白色で、傷つけても変色しない

ススケヤマドリタケのほうがヤマドリタケモドキより黒っぽいが、正確に見わけるには顕微鏡の観察が必要

柄の全面に黒褐色の網目模様

傘は、ややフェルト状で、湿ると粘性がある

柄の全面に網目模様

肉は白色で、傷つけても変色しない

109

●イグチ科　柄に鱗片のあるイグチ
アオネノヤマイグチ、キンチャヤマイグチなど

柄に鱗片のあるものを集めた。鱗片は触れると落ちやすいものもある。ヤマイグチ属（*Leccinum*）は北方系で北日本に多く、ヨーロッパから多くの種類が知られている。

菌根菌
スミゾメヤマイグチ⬇
Leccinum pseudoscabrum

夏〜秋、シデ類の広葉樹林に生える。西日本の低地では少ない。

管孔はクリーム色で、古くなると褐色を帯びる

イヌシデの混じる雑木林に生えたスミゾメヤマイグチ。関東の平地で見られる唯一のヤマイグチだ。

傘は湿ると粘性があり、でこぼこしている

ひび割れることもある。色の変異が多い

柄は灰色で、黒色の細かい鱗片におおわれる

傘は湿ると粘性

柄に黒色の細かい鱗片

菌根菌
⬅アオネノヤマイグチ
Leccinum variicolor

夏〜秋、カバノキ科の広葉樹林に生える。ヤマイグチとは、柄の根元の肉が傷つくと青色になることで見わけられる。

肉は白色で、傷つくとピンク色、のち黒色に変色する

肉は白色で、柄の根元は傷つくと青色に変色する

傘はフェルト状で、湿ると粘性がある。傷つくと黄色く変色。成長しても開ききらない

肉は白色で、傷ついても変色しない

> **くらべるきのこ**
> 傘の裏はあなだけど、イグチではないきのこ
> 食 **クロカワ**→p.120
>
> クロカワはマツ林などの地上に生える。傘の裏は管孔だが、イボタケ目のきのこ。

食 菌根菌
シロヤマイグチ➡
Leccinum niveum
夏～秋、カバノキ科の樹木近くに生える。

成長した柄の根元は青色

柄に茶色の細かい鱗片

管孔は灰色っぽい

管孔は黄色っぽい褐色

傘は湿ると粘性

傘は金茶色で、ややフェルト状

柄に黒色の細かい鱗片

柄に黒色の細かい鱗片

肉は白色で、傷つくとワイン色ののち黒色に変色する

食 菌根菌
ヤマイグチ⬆
Leccinum scabrum
夏～秋、カバノキ科の広葉樹林に生える。西日本では少ない。肉は白色で、傷ついても変色しないか、多少ピンク色になる。生で食べると中毒することがある。

食 菌根菌
⬆キンチャヤマイグチ
Leccinum versipelle
夏～秋、カバノキ科の広葉樹林に生える。

●イグチ科など　ひび割れや突起のあるイグチ
アカヤマドリ、コオニイグチなど

傘にひび割れや突起などが目立つものを集めた。大きさはさまざまだが、傘の特徴に注目すれば見わけやすい。ただし、オニイグチモドキやコオニイグチは、肉眼では見わけられない特徴によって種がわかれているものが多い。

原寸大図鑑　イグチ目

傘はフェルト状で、しわが多い。成長するとひび割れて、黄色っぽい肉が見える。湿ると強い粘性がある

肉は白色で、傷ついても変色しない

食　菌根菌
↑アカヤマドリ　イグチ科
Rugiboletus extremiorientalis

夏〜秋、コナラ、クヌギ、ミズナラ、シイなどの広葉樹林に生える。鍋に入れると、汁が黄色くなる。

傘に綿毛のような鱗片があり、粉っぽさもある

ハナガサイグチの管孔は、若いときはうすい黄色で、成長すると汚れた緑色

全体にオレンジ色

肉は黄色で、傷ついても変色しない

菌根菌
←ハナガサイグチ　イグチ科
Pulveroboletus auriflammeus

夏〜秋、アカマツ・コナラ林やシイ林などに生える。

縁が、膜状にはみ出す

全体に黄色

クモの巣状膜が不完全なつばになる

傘の裏は、はじめはクモの巣状膜におおわれていて、管孔は、うすい黄色から暗い褐色になる

傘は粉におおわれていて、触ると手につく。湿ると粘性がある

食　菌根菌
←キイロイグチ　イグチ科
Pulveroboletus ravenelii

夏〜秋、針葉樹林にも広葉樹林にも生える。若いときはクモの巣状膜が傘の裏をおおっている。胃腸系の中毒を起こすことがある。

肉はうすい黄色で、傷つけると青色に変色する

柄は黄色で、それよりも色の濃い細かい粒でおおわれる

傘はもっと
赤色に見える
こともある

管孔は黄色で、
孔口は放射状に
ならび、大きい

肉は黄色

つばは綿くず状で、
つばより上の
柄は黄色

中実

**くらべる
きのこ**
**ウツロベニハナ
イグチ**→p.100
柄は中空。

傘は、ややかたい
角状の鱗片で
おおわれる

管孔は
白色ののち
黒っぽくなり、
傷つくと黒色に
変色する

食 菌根菌
オニイグチモドキ→
イグチ科
Strobilomyces confusus
夏〜秋、ブナ科の広葉樹林、または
はアカマツ・モミなどの混生林に生
える。本種や下記のコオニイグチに
は、外見がよく似た未記載の種が多
く、正確な同定には顕微鏡が必要。

柄の上部に
隆起した
網目模様

肉は白色で、傷つくと
赤色になり、やがて
黒色に変色する

傘は繊維状から
綿毛状の鱗片に
おおわれている。
粘性はない

菌根菌
←**カラマツベニハナイグチ**
ヌメリイグチ科　*Boletinus paluster*
夏〜秋、カラマツ林に生える。

傘は綿毛状、またはそれを
押しつけたような鱗片に
おおわれている。
ひび割れることもある

管孔は白色の
のち灰色

柄の上部に縦に
長い網目模様

菌根菌
←**コオニイグチ**
イグチ科　*Strobilomyces seminudus*
夏〜秋、おもにシイ・カシ林に生える。
関東より西に分布する。

綿毛状の鱗片

×0.5

コオニイグチの肉は白色で、傷つくと赤色になり、やがて黒色に変色する

113

原寸大図鑑　イグチ目

●イグチ科　管孔がピンク色や紫色などのイグチ
ミドリニガイグチ、オオクロニガイグチなど

はじめは白色の管孔が、うすいピンク色などになるものを集めた。「ニガイグチ」と名前についていても、実際は苦味のないものもある。

傘はなめらかで、湿ると粘性がある

菌根菌
ミドリニガイグチ→
Tylopilus virens

夏〜秋、アカマツ・コナラ林やシイ林に生える。

傘はややフェルト状で、湿るとやや粘性

管孔はピンク色

管孔は紫色を帯びた褐色

柄に粒状から繊維状の鱗片がある

緑色みがある

肉は灰色っぽい白色で、傷つくとやや赤色に変色する

肉は黄色で、傷ついても変色しない。苦味はない

毒　菌根菌
↑ウラグロニガイグチ
Leccinum eximium

夏〜秋、アカマツ・コナラ林やモミ・ブナ林に生える。食用とされてきたが体質により、激しい胃痛、腹痛、嘔吐などの中毒を起こす。

柄はワイン色の細かい鱗片におおわれ、条線がある

菌根菌
↓フモトニガイグチ
Tylopilus alutaceoumbrinus

夏〜秋、ブナ科、マツ科の近くに生える。

傘の表面に、わずかに毛が生える

ピンク色みがある

菌根菌
↓ブドウニガイグチ
Tylopilus vinosobrunneus

夏〜初秋、アカマツ・コナラ林、コナラ・クヌギ林などの樹下。

管孔は白色からピンク色になる

管孔は白色ののちサーモンピンク色

柄にあわい紅色の細かい鱗片がまばらにつく

管孔は乳白色ののちあわい赤みのある褐色

傘は霜降り状に見え、紫色みがある

肉は根元以外は白色で、傷ついても変色しない

傘は湿るとやや粘性

柄に細かい条線がある

柄の下部は条線が目立つ

根元は黄色〜

食　菌根菌
↑アケボノアワタケ
Leccinum chromapes

夏〜秋、針葉樹林または広葉樹林に生える。

肉は白色で、傷つくとうすい褐色に変色する

根元は白色

肉は白色で、傷つくとゆっくりと、あわい赤みのある褐色に変色する。苦味がある

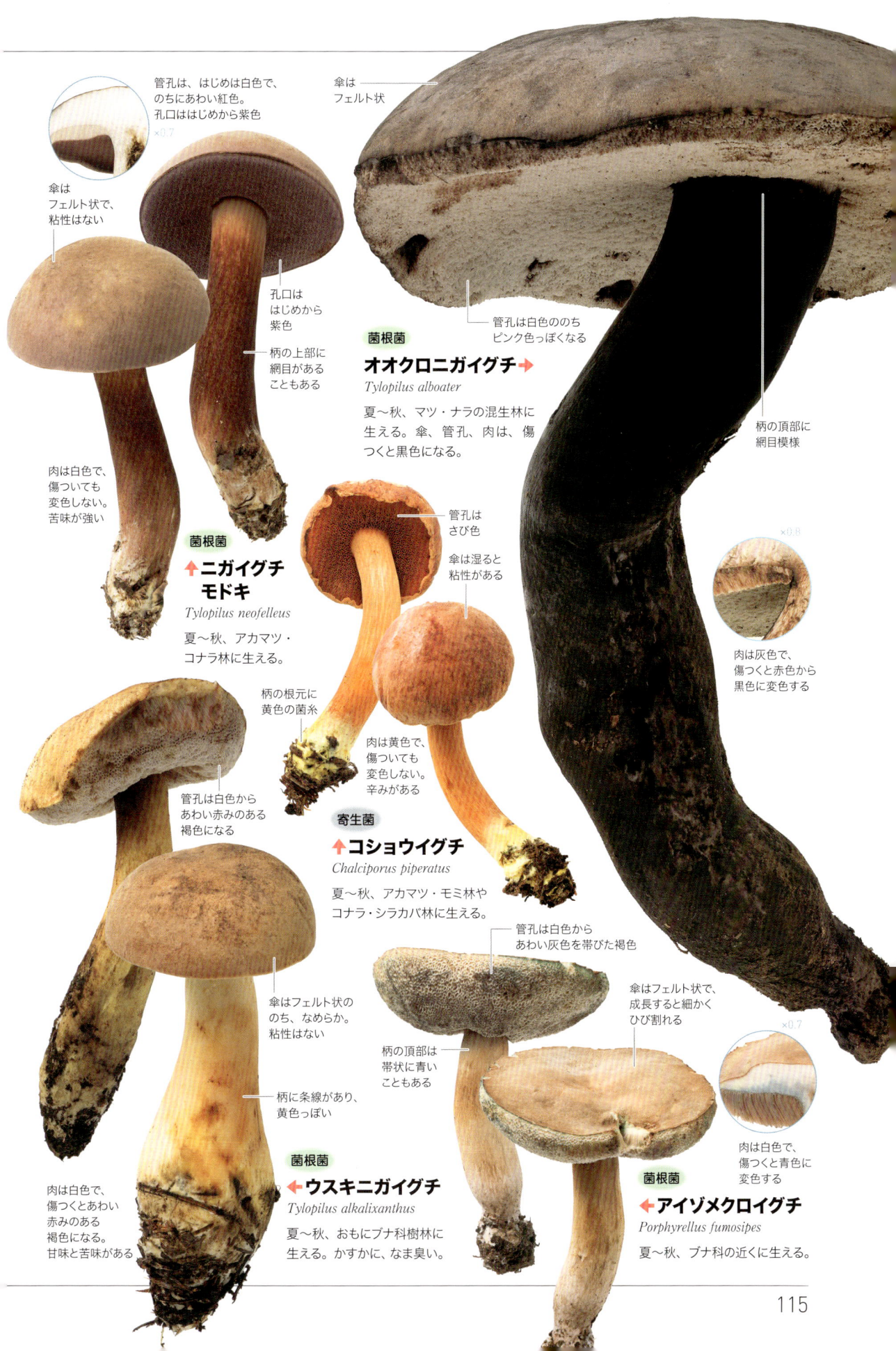

傘はフェルト状で、粘性はない

管孔は、はじめは白色で、のちにあわい紅色。孔口ははじめから紫色

傘はフェルト状

管孔は白色ののちピンク色っぽくなる

孔口ははじめから紫色

柄の上部に網目があることもある

菌根菌
オオクロニガイグチ
Tylopilus alboater
夏～秋、マツ・ナラの混生林に生える。傘、管孔、肉は、傷つくと黒色になる。

柄の頂部に網目模様

肉は白色で、傷ついても変色しない。苦味が強い

管孔はさび色

傘は湿ると粘性がある

菌根菌
↑ニガイグチモドキ
Tylopilus neofelleus
夏～秋、アカマツ・コナラ林に生える。

柄の根元に黄色の菌糸

肉は黄色で、傷ついても変色しない。辛みがある

肉は灰色で、傷つくと赤色から黒色に変色する

寄生菌
↑コショウイグチ
Chalciporus piperatus
夏～秋、アカマツ・モミ林やコナラ・シラカバ林に生える。

管孔は白色からあわい赤みのある褐色になる

管孔は白色からあわい灰色を帯びた褐色

傘はフェルト状ののち、なめらか。粘性はない

傘はフェルト状で、成長すると細かくひび割れる

柄の頂部は帯状に青いこともある

柄に条線があり、黄色っぽい

肉は白色で、傷つくとあわい赤みのある褐色になる。甘味と苦味がある

菌根菌
←ウスキニガイグチ
Tylopilus alkalixanthus
夏～秋、おもにブナ科樹林に生える。かすかに、なま臭い。

肉は白色で、傷つくと青色に変色する

菌根菌
←アイゾメクロイグチ
Porphyrellus fumosipes
夏～秋、ブナ科の近くに生える。

115

●アンズタケ目アンズタケ科、ラッパタケ目ラッパタケ科
アンズタケ、ウスタケなど

はっきりとしたひだではなく、皮を寄せただけのような「しわひだ」をつくるきのこ。しわひだは柄に垂生し、つばやつぼはない。傘もはっきりとしたものではなく、ラッパのように開き、中央が落ちこんでいるものが多い。

中央はくぼむ
しわひだは垂生
傘のふちが浅く裂ける

食 菌根菌
↑アンズタケ
アンズタケ目アンズタケ科
Cantharellus cibarius

秋、雑木林や針葉樹林に生える。フランスでは「ジロール」と呼ばれているきのこで、アンズのような香りがある。微量の毒成分を含み、中毒の危険も指摘されている。

傘の中央はくぼむが、柄は中実

食 菌根菌
↑ベニウスタケ
アンズタケ目アンズタケ科
Cantharellus cinnabarinus

夏〜秋、広葉樹林に生える。かすかにアンズのようなにおいがする。

くらべるきのこ
しわひだではないアンズタケのなかま
食 カノシタ→p.118

傘の裏は針が垂れている。

全体に赤みがある
しわひだが浅い

傘や柄があわい黄色や白色のものもある

食 菌根菌
↑トキイロラッパタケ
アンズタケ目アンズタケ科
Cantharellus luteocomus

秋、マツ科樹林に生える。菌輪になることも多い。

傘の中央は、柄の根元まで落ちこむ
しわひだは黄白色を帯びた灰色
柄はレモン色

食 菌根菌
↑ミキイロウスタケ
アンズタケ目アンズタケ科
Craterellus tubaeformis

秋、雑木林に生える。「ウスタケ」とつくがアンズタケのなかま。

しわひだは、あまり目立たず、灰色っぽい

傘は細かい鱗片におおわれている

傘の中央は、柄の根元まで落ちこむ

食 菌根菌
↑クロラッパタケ
アンズタケ目アンズタケ科
Craterellus cornucopioides

夏〜秋、雑木林に生える。「死のトランペット」と呼ばれるが食べられる。

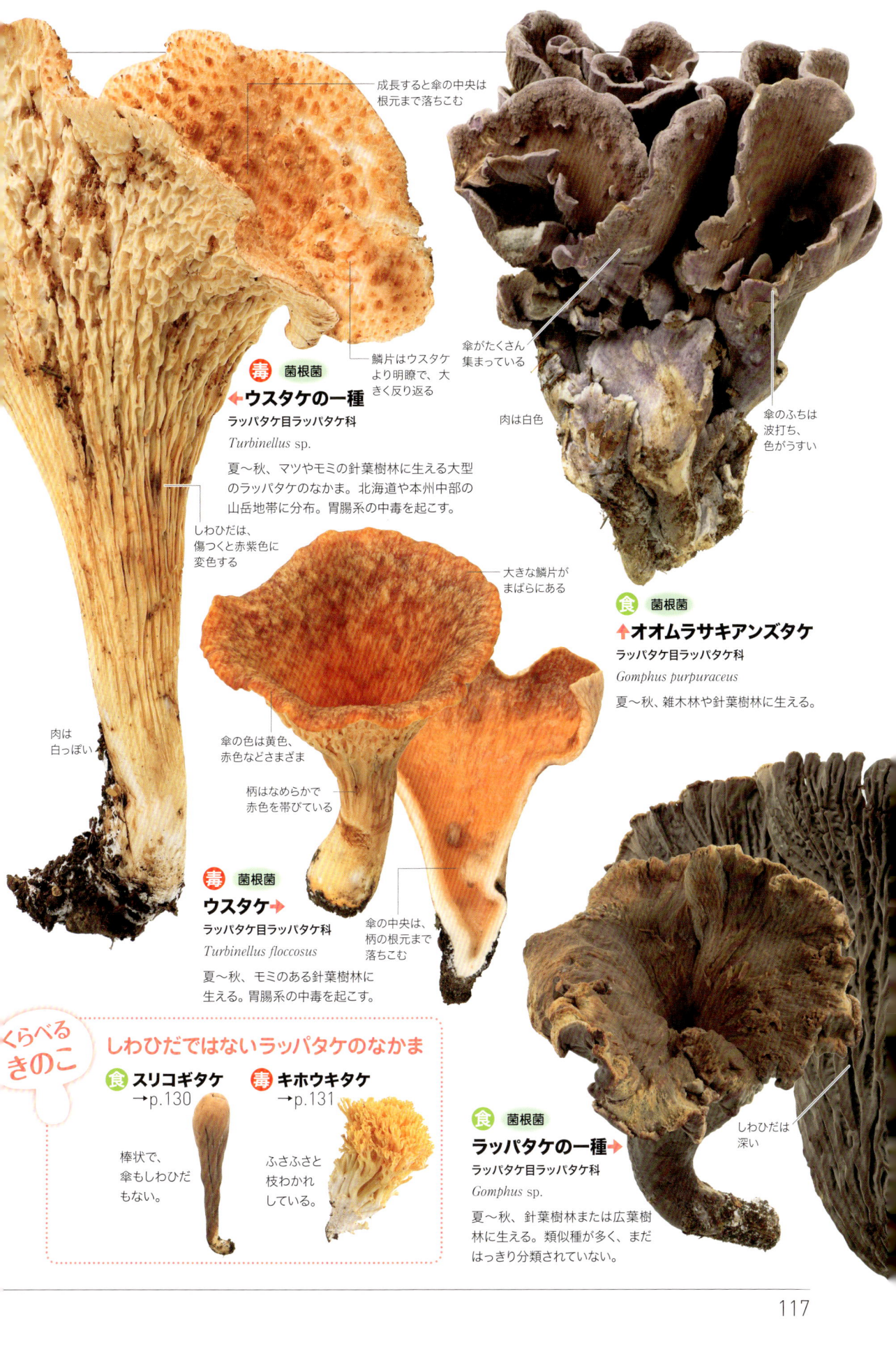

成長すると傘の中央は根元まで落ちこむ

鱗片はウスタケより明瞭で、大きく反り返る

傘がたくさん集まっている

肉は白色

傘のふちは波打ち、色がうすい

毒 菌根菌
← **ウスタケの一種**
ラッパタケ目ラッパタケ科
Turbinellus sp.

夏〜秋、マツやモミの針葉樹林に生える大型のラッパタケのなかま。北海道や本州中部の山岳地帯に分布。胃腸系の中毒を起こす。

しわひだは、傷つくと赤紫色に変色する

大きな鱗片がまばらにある

食 菌根菌
↑ **オオムラサキアンズタケ**
ラッパタケ目ラッパタケ科
Gomphus purpuraceus

夏〜秋、雑木林や針葉樹林に生える。

傘の色は黄色、赤色などさまざま

柄はなめらかで赤色を帯びている

肉は白っぽい

毒 菌根菌
ウスタケ →
ラッパタケ目ラッパタケ科
Turbinellus floccosus

傘の中央は、柄の根元まで落ちこむ

夏〜秋、モミのある針葉樹林に生える。胃腸系の中毒を起こす。

くらべるきのこ

しわひだではないラッパタケのなかま

食 **スリコギタケ** → p.130
棒状で、傘もしわひだもない。

毒 **キホウキタケ** → p.131
ふさふさと枝わかれしている。

食 菌根菌
ラッパタケの一種 →
ラッパタケ目ラッパタケ科
Gomphus sp.

夏〜秋、針葉樹林または広葉樹林に生える。類似種が多く、まだはっきり分類されていない。

しわひだは深い

117

●アンズタケ目カノシタ科、イボタケ目マツバハリタケ科など
カノシタ、コウタケなど

傘は比較的はっきりとしていて柄もあるが、傘の裏はひだではなく針の下がるきのこ。イボタケ目のものが目立つが、アンズタケ目やベニタケ目にも見られる。また、イボタケ目でも針を下げないものもある。針の表面で胞子を作る。

原寸大図鑑　アンズタケ目　ベニタケ目　イボタケ目

注 菌根菌
カノシタ →
アンズタケ目カノシタ科
Hydnum repandum

夏〜秋、雑木林に生える。肉質はもろい。和名は「シカの舌」という意味。毒成分と思われる物質を含んでいて、中毒の可能性もある。

白色のものをシロカノシタと呼ぶ

傘のふちは波打つ

腐生菌・地
↓マツカサタケ
ベニタケ目マツカサタケ科
Auriscalpium vulgare

晩秋〜初夏、マツ林に生える。

針の色は白色だが、しだいに灰色っぽくなる

傘の表面に短い毛が生えている

松ぼっくりから生える

くらべるきのこ
針を下げる柄のないきのこ
ブナハリタケ →p.122
柄はなく、材から直接生える。

全体が黄色っぽい

食 菌根菌
マツバハリタケ →
イボタケ目マツバハリタケ科
Bankera fuligineoalba

秋〜晩秋、アカマツ林やクロマツ林に生える。さわやかな木の香りがする。

傘の表面はなめし革状

針は白色ののち茶褐色になる ×2.3

柄は太くて短い

くらべるきのこ
針だらけのヤマブシタケ

ヤマブシタケ 食 腐生菌・材
ベニタケ目サンゴハリタケ科　*Hericium erinaceus*

マツカサタケと同じベニタケ目のきのこ。傘はなく、内側はスポンジ状で、そのまわりに針が集まってボール状になっている。ブナ科の広葉樹の枯れ木に生える。

針のないイボタケのなかま
食 **クロカワ** →p.120　**モミジタケ** →p.131

傘の裏は管孔。

傘はなく、サンゴのように枝わかれしている。

118

傘の表面は
厚い鱗片が反り返る

傘はじょうご形で、
中央は柄の
根元まで落ちこむ

食 菌根菌
コウタケ→
イボタケ目マツバハリタケ科
Sarcodon aspratus

秋、ブナ科の広葉樹林に生える。乾くと強く香る。生で食べると胃腸系の中毒を起こし、加熱しても、しびれや発疹が起こることもある。

菌根菌
↓ケロウジ
イボタケ目マツバハリタケ科
Sarcodon scabrosus

秋、アカマツ林、コナラ林、ブナ林などに生える。

傘は浅いじょうご形で、表面はしだいにささくれて鱗片になる

針はあわい茶色ののち黒褐色になる

針はくすんだ白色ののち褐色を帯びる

肉はくすんで赤みがかった黄色。味は苦い

柄の根元は青みを帯びる

●イボタケ目マツバハリタケ科、タマチョレイタケ目タマチョレイタケ科

クロカワ、マンネンタケなど

傘の裏は管孔だが、イグチ類とは異質なきのこ。タマチョレイタケ目は「サルノコシカケ」として知られるかたいきのこが多いが、やわらかいきのこもある。つばやつぼはない。

原寸大図鑑 イボタケ目 タマチョレイタケ目

管孔は楕円形で放射状に並ぶ

傘の中央はくぼみ、ささくれ状の鱗片がある

材から生えるときは傘は半円形になる。柄はかたよってつくが、ないときもある

傘はじょうご形で、表面に鱗片がある

食 腐生菌・地
←タマチョレイタケ
タマチョレイタケ目タマチョレイタケ科
Polyporus tuberaster
春〜秋、広葉樹林に生える。地中の菌核から生えるが、広葉樹の枯れ木から生えることもある。ごく若いときは食べられる。

地中の菌核から生える

腐生菌・材
↑アミスギタケ
タマチョレイタケ目タマチョレイタケ科
Lentinus arcularius
春〜秋、広葉樹の枯れ木などに生える。

傘の表面は、細かい毛が生えていてなめし革状

肉は白色で、傷つくと赤紫色に変色する

針葉樹に生える

食 菌根菌
↑クロカワ
イボタケ目マツバハリタケ科
Boletopsis leucomelaena
秋、マツやモミの針葉樹林に生える。苦みがあるが、食べられる。

管孔は垂生

管孔は汚れた白色 ×1.6

腐生菌・材
マゴジャクシ→
タマチョレイタケ目タマチョレイタケ科
Ganoderma neo-japonicum
夏〜秋、マツやモミなどの針葉樹に生えて、白くくさらせる。

傘はニスを
ぬったような
光沢がある

肉はコルク質で
白っぽい

管孔は、はじめは白っぽ
いが、のちに黄色くなり、
触れると濃色になる

×1.3

腐生菌・材
← **マンネンタケ**
タマチョレイタケ目タマチョレイタケ科
Ganoderma lucidum

初夏〜秋、広葉樹の根元近くや切り
株から生えて、白くくさらせる。

傘は
なめし革状

広葉樹に
生える

柄は、傘が円形の
ときは中心につき、
傘が腎臓形のときは
かたよってつく

腐生菌・材
カンバタケ →
タマチョレイタケ目
ツガサルノコシカケ科
Piptoporus betulinus

夏〜秋、シラカバなどのカバノキ属の
幹から生える。管孔は見えないくらい
小さい。ヨーロッパでは昔、刃物を研
ぐのに使ったほどかたい。

サルノコシカケ類とは
ちがって、柄がある

傘は腎臓形で、
ニスをぬったような
光沢がある

成育中は
傘の縁が白色

腐生菌・材
コフキサルノコシカケ →
タマチョレイタケ目タマチョレイタケ科
Ganoderma applanatum

一年を通じて広葉樹から生えて、白く
くさらせる。いくつかの類似種が混同
されているようだ。

傘は半円形。胞子が、ココアの粉のように表面に
積もっていることもある。柄はない

●タマチョレイタケ科など
ブナハリタケ、マイタケなど

傘の裏が管孔で、イグチではないきのこのなかでも、傘を重ねて生えるものを集めた。柄はないか、あってもごく短い。つばやつぼはない。マイタケのように、やわらかくて食用になるものもあれば、カワラタケのようにかたいきのこもある。

原寸大図鑑　タマチョレイタケ目

腐生菌・材
↓カワラタケ
タマチョレイタケ科
Trametes versicolor

春〜秋、広葉樹にも針葉樹にも生えて、白くくさらせる。

傘の表面に短い毛が生えている。厚みはないが、革のように強い

カワラタケの傘の裏は管孔で、白色〜クリーム色

色は黒、濃い青、褐色などさまざまで、環紋がある

食　腐生菌・材
↓ブナハリタケ
シワタケ科
Mycoleptodonoides aitchisonii

秋、おもにブナの枯れ木に生えて、白くくさらせる。甘い香りがする。

傘の裏は針

柄は、ごく短い

傘の表面はなめらか。放射状の繊維模様と不鮮明な環紋がある

傘の裏は管孔で白色〜クリーム色

傘の表面はなめらか。水気が多くてやわらかい

・柄は太くて
　短い

・傘は傷つくと
　黒く変色する

・傘の裏は
　管孔で白色

食 腐生菌・材
←マイタケ
所属科未確定
Grifola frondosa

秋、ブナ科の大木の根元や切り株に生えて、白くくさらせる。特にミズナラが多い。

食 腐生菌・材
トンビマイタケ→
トンビマイタケ科
Meripilus giganteus

夏、ブナの大木の根元や切り株に生える。傘1つの大きさは、マイタケよりずっと大きい。中毒する可能性もあり、一度に大量に食べないほうがよい。

・傘の表面は、ややフェルト状で、放射状の繊維模様と環紋がある

●タマチョレイタケ目ツガサルノコシカケ科など
マスタケ、ニンギョウタケなど

傘の裏が管孔で、イグチではないきのこ。マスタケ類は、傘の表の色はどれも魚のマスの肉のようだが、傘の裏の色や生える樹種に注目すれば見わけられる。

原寸大図鑑
タマチョレイタケ目　ベニタケ目

傘の裏は管孔で白っぽい

ふちは波打つ

食　腐生菌・材
マスタケ ➡
タマチョレイタケ目
ツガサルノコシカケ科
Laetiporus cremeiporus

夏〜秋、広葉樹の枯れ木に生える。やや生ゴミのようなにおいがする。やわらかいうちは食べられるが、生で食べると嘔吐やめまいなどを起こす。

傘の表面に放射状にしわがある

食　腐生菌・材
⬇ ミヤママスタケ
タマチョレイタケ目ツガサルノコシカケ科　*Laetiporus montanus*

夏〜秋、モミやツガなどの針葉樹の枯れ木に生える。生木に生えることもある。生で食べると嘔吐やめまいなどを起こす。

×0.5

傘の裏は黄色

腐生菌・材
⬇ アイカワタケ（ヒラフスベ）
タマチョレイタケ目ツガサルノコシカケ科
Laetiporus versisporus

夏〜秋、シイやナラなどの広葉樹の枯れ木に生える。

傘の裏は黄色

成熟すると、表面に胞子を帯びて粉っぽくなる

×0.4

傘はなめらかだが、細かい鱗片があることもある

傘の裏は管孔で白色

菌根菌
← **コウモリタケ**
ベニタケ目
ニンギョウタケモドキ科
Albatrellus dispansus
秋、マツやモミの針葉樹林に生える。

傘はなめらか。へら形で肉厚

食 菌根菌
ニンギョウタケ →
ベニタケ目
ニンギョウタケモドキ科
Albatrellus confluens
秋、マツやモミなどの針葉樹林に生える。

傘の裏は管孔で、白色～クリーム色

くらべるきのこ

傘は重ねない柄のないきのこ

食 **カンゾウタケ** → p.30

色がまるでちがう。

カンバタケ → p.121

とてもかたい。

125

丸いきのこ

イボセイヨウショウロは子のう菌だが、それ以外は、昔は「腹菌類」というグループに含まれていた担子菌。文字通り、内側で胞子が作られ、胞子が熟すと表皮が破れたり、孔が開いたりして胞子が散る。白色の胞子が黒色や茶色に成熟するもののなかには、胞子がまだ白色のうちは食べられるものもある。

原寸大図鑑

食 腐生菌・地
↓オニフスベ
ハラタケ目ハラタケ科
Calvatia nipponica
夏〜秋、雑木林、庭、竹やぶなどに生える。

オニフスベ ×0.2

胞子が成熟して、茶色になった個体の断面

若いうちは白色

胞子が成熟すると、茶色になってはがれおちる

表皮はなめらかだが、細かい粉を帯びていることもある

食 腐生菌・地
ノウタケ→
ハラタケ目ハラタケ科
Calvatia craniiformis
夏〜秋、雑木林、道ばた、草地など、有機物の多いところに生える。

成熟すると頂部に孔が開いて、胞子が出る

円錐状のとげはない

食 腐生菌・材・地
タヌキノチャブクロ→
ハラタケ目ホコリタケ科
Apioperdon pyriforme
夏〜秋、倒木の上や、落ち葉が積もってくさりかけている地面に生える。

実際の大きさ　ハタケチャダイゴケ ×5
成熟すると頂部が開いてコップ形になる
胞子のカプセル

頂部が尖がる

腐生菌・地
ハタケチャダイゴケ➡
ハラタケ目ハラタケ科
Cyathus stercoreus

夏〜秋、堆肥や、もみがらなどに生える。

腐生菌・地
エリマキツチグリ➡
ヒメツチグリ目ヒメツチグリ科
Geastrum triplex

夏〜秋、林の落ち葉の多い地上に生える。

開いた外皮が折れ曲がってえりまきのようになる

頂部は星形に赤い

頂部の孔から胞子が出る

菌根菌
➡ショウロ
イグチ目ショウロ科
Rhizopogon roseolus

春と秋、クロマツ林の砂地の中に生える。

食　腐生菌・地
ツチグリ➡
イグチ目ディプロシスチジア科
Astraeus ryoocheoninii

夏〜秋、林の斜面に生える。

成熟すると外皮を星形に開くが、乾燥すると丸まる

菌根菌
↑クチベニタケ
イグチ目クチベニタケ科
Calostoma japonicum

夏〜秋、広葉樹林の斜面などに生える。

地下に伸びる柄は、タコの足のよう

傷をつけると赤っぽくなる

内側は白色。成熟すると黄色っぽくなる

表皮は細かくひび割れる

成熟すると黒色

毒　菌根菌
⬅ウスキニセショウロ
イグチ目ニセショウロ科
Scleroderma flavidum

夏〜秋、雑木林に生える。

食　腐生菌・地
⬇ホコリタケ（キツネノチャブクロ）
ハラタケ目ハラタケ科
Lycoperdon perlatum

夏〜秋、雑木林や草地に生える。有機物の多いところに多い。

菌糸が根のように伸びる

食　菌根菌
⬇イボセイヨウショウロ
チャワンタケ目セイヨウショウロ科
Tuber indicum

秋〜冬、ブナ科の広葉樹林の地中に生える。高級食材のトリュフの一種。成熟すると海苔の佃煮のようなにおいがする。

成熟すると頂部に孔が開いて、胞子が出る

表皮は円錐状のとげにおおわれている

表面はいぼ状の突起におおわれる

原寸大図鑑 スッポンタケ目

●スッポンタケ科、アカカゴタケ科
スッポンタケ、キヌガサタケなど

胞子を含んだグレバという粘液物質をつけるグループ。グレバからは独特の臭気がただよい、集まったハエなどに胞子を運ばせる。ごく初期は球形で、昔はp.126〜127のきのこ同様、「腹菌類」に分類されていた。成長すると「托」や「腕」を伸ばす。

- 頂部の孔に白いふちどりがある
- 傘は白色で、網目模様がある
- グレバ

食 腐生菌・地
スッポンタケ→
スッポンタケ科
Phallus impudicus

夏〜秋、竹林、庭園、林などに生える。

「托」はスポンジ状で、あなが多く、中空

- 菌網（マント）を広げる

食 腐生菌・地
キヌガサタケ→
スッポンタケ科
Phallus indusiatus

梅雨期と秋、竹林に生える。菌網は2〜3時間で伸びきり、半日程度でしおれる。

- 孔
- 傘は濃い紅色

腐生菌・地
キツネノタイマツ→
スッポンタケ科
Phallus rugulosus

夏〜秋、道ばた、林、竹やぶなどに生える。

- 孔
- 傘は黄色

食 腐生菌・地
←キイロスッポンタケ
スッポンタケ科
Phallus flavocostatus

夏〜秋、広葉樹林のくさった材から生える。

幼菌は球形で、成長しても殻皮はつぼのように根元に残る

128

「腕」の内側に
グレバがつく

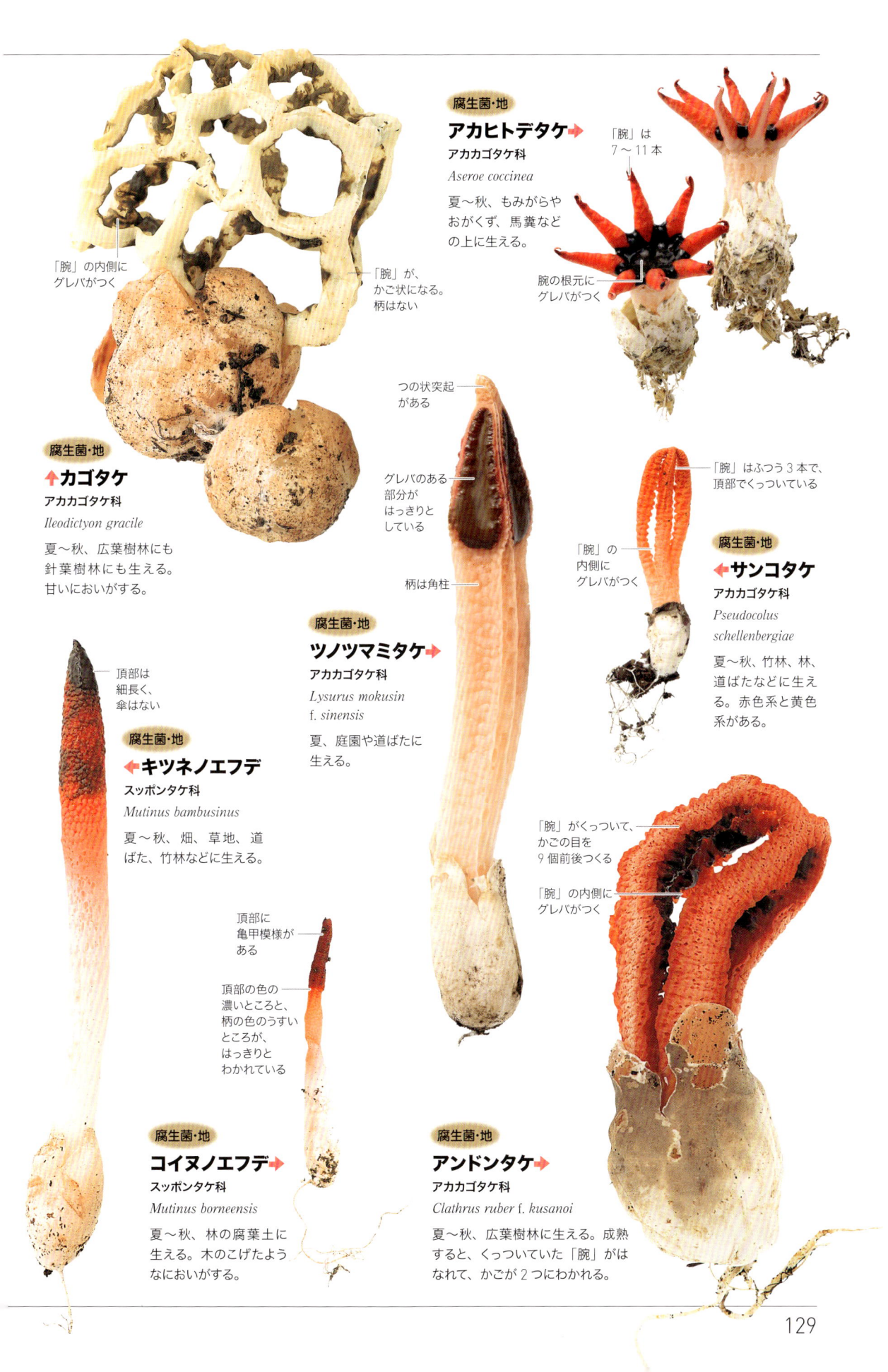

「腕」が、
かご状になる。
柄はない

腐生菌・地
アカヒトデタケ➡
アカカゴタケ科
Aseroe coccinea

夏〜秋、もみがらや
おがくず、馬糞など
の上に生える。

「腕」は
7〜11本

腕の根元に
グレバがつく

腐生菌・地
⬆カゴタケ
アカカゴタケ科
Ileodictyon gracile

夏〜秋、広葉樹林にも
針葉樹林にも生える。
甘いにおいがする。

つの状突起
がある

グレバのある
部分が
はっきりと
している

柄は角柱

「腕」はふつう3本で、
頂部でくっついている

「腕」の
内側に
グレバがつく

腐生菌・地
⬅サンコタケ
アカカゴタケ科
Pseudocolus schellenbergiae

夏〜秋、竹林、林、
道ばたなどに生え
る。赤色系と黄色
系がある。

腐生菌・地
ツノツマミタケ➡
アカカゴタケ科
Lysurus mokusin
f. *sinensis*

夏、庭園や道ばたに
生える。

頂部は
細長く、
傘はない

腐生菌・地
⬅キツネノエフデ
スッポンタケ科
Mutinus bambusinus

夏〜秋、畑、草地、道
ばた、竹林などに生える。

頂部に
亀甲模様が
ある

頂部の色の
濃いところと、
柄の色のうすい
ところが、
はっきりと
わかれている

「腕」がくっついて、
かごの目を
9個前後つくる

「腕」の内側に
グレバがつく

腐生菌・地
コイヌノエフデ➡
スッポンタケ科
Mutinus borneensis

夏〜秋、林の腐葉土に
生える。木のこげたよう
なにおいがする。

腐生菌・地
アンドンタケ➡
アカカゴタケ科
Clathrus ruber f. *kusanoi*

夏〜秋、広葉樹林に生える。成熟
すると、くっついていた「腕」がは
なれて、かごが2つにわかれる。

129

サンゴ形のきのこ

担子菌類にも子のう菌類にも見られる形で、胞子は子実体の表面で作られる。根元で枝わかれしたまま伸びていくものと、さらに分岐するものがある。分類については、現在、見直しが行われている。

原寸大図鑑

↓ナギナタタケ 腐生菌・地
ハラタケ目シロソウメンタケ科
Clavulinopsis fusiformis
夏〜秋、雑木林に生える。

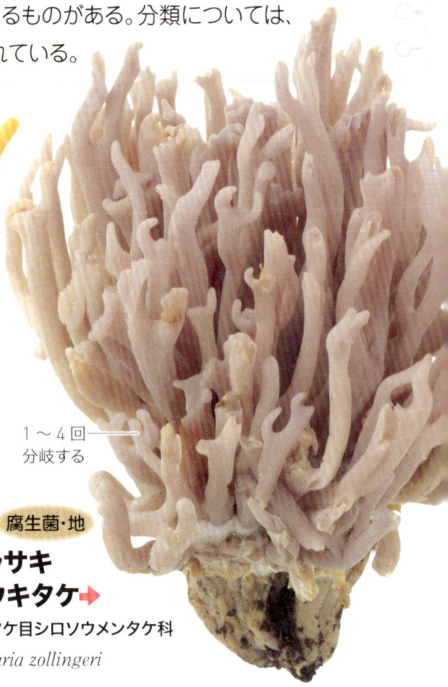

肉はもろくない

1〜4回分岐する

食 腐生菌・地
ムラサキホウキタケ→
ハラタケ目シロソウメンタケ科
Clavaria zollingeri
秋、林に生える。

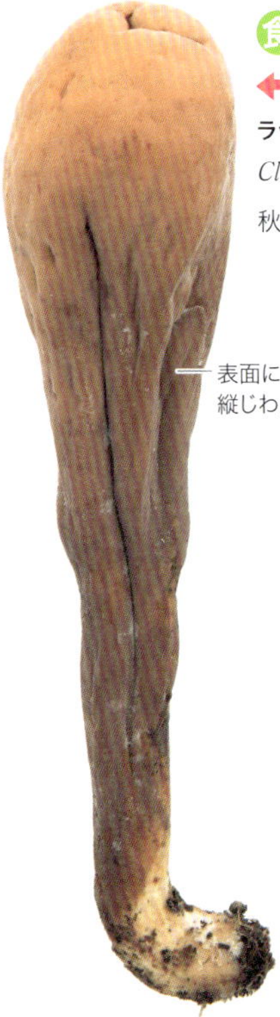

肉はもろい

柄の根元に白色の毛がある

食 腐生菌・地
↑ベニナギナタタケ
ハラタケ目シロソウメンタケ科
Clavulinopsis miyabeana
夏〜秋、広葉樹林にも針葉樹林にも生える。

食 腐生菌・地
←スリコギタケ
ラッパタケ目スリコギタケ科
Clavariadelphus pistillaris
秋、広葉樹林に生える。

上部のほうが太く、表面に縦じわがある

表面に縦じわがある

腐生菌・地
コスリコギタケ→
ラッパタケ目スリコギタケ科
Clavariadelphus ligula
秋、広葉樹林に生える。

柄の根元に白色の毛がある

食 腐生菌・地
←ムラサキナギナタタケ
タバコウロコタケ目所属科未確定
Alloclavaria purpurea
夏〜秋、マツ林に生える。

枝の先は
ピンク色

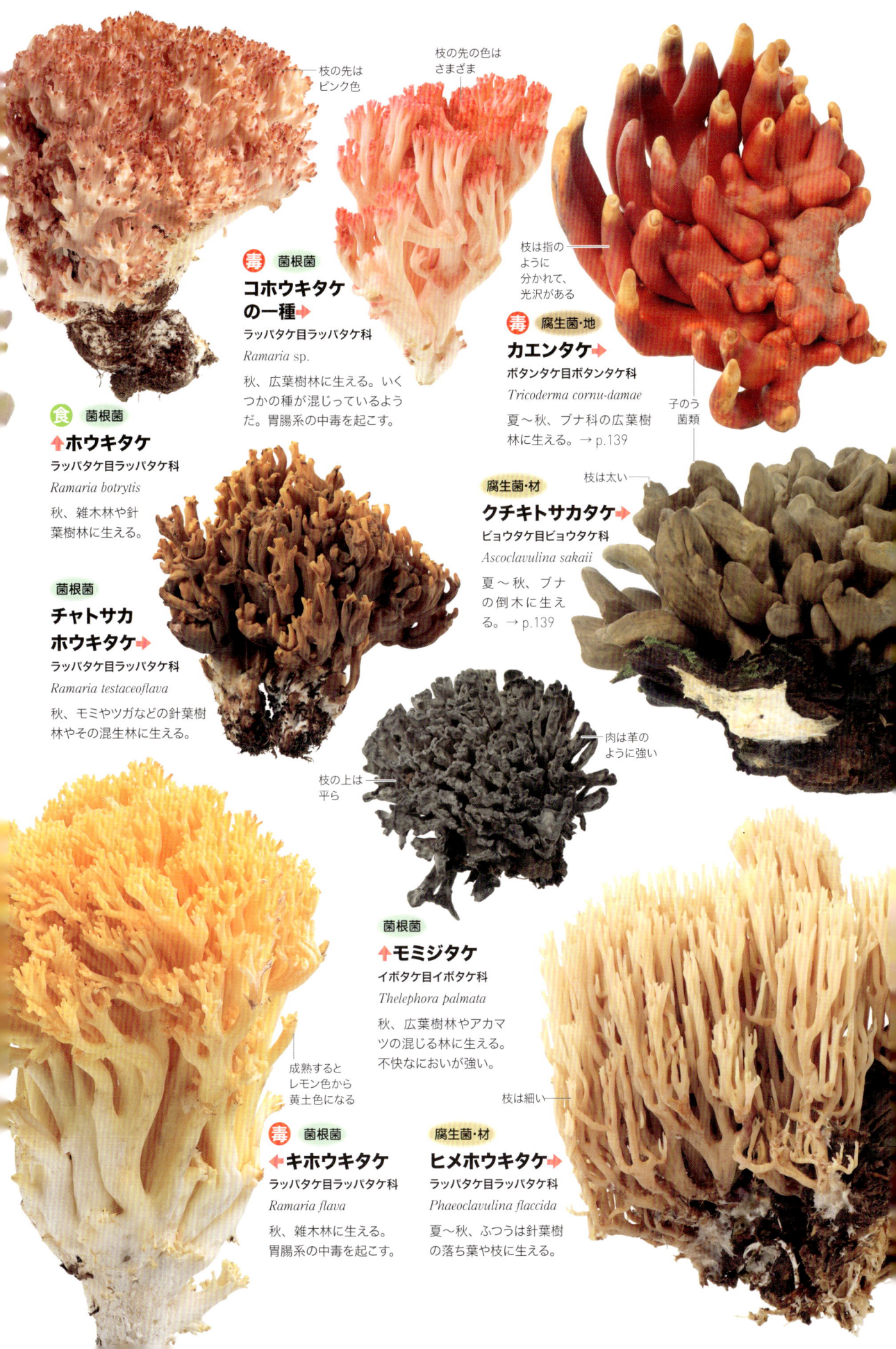

枝の先の色は
さまざま

毒 菌根菌
**コホウキタケ
の一種**→
ラッパタケ目ラッパタケ科
Ramaria sp.
秋、広葉樹林に生える。いくつかの種が混じっているようだ。胃腸系の中毒を起こす。

枝は指のように分かれて、光沢がある

毒 腐生菌・地
カエンタケ→
ボタンタケ目ボタンタケ科
Tricoderma cornu-damae
夏〜秋、ブナ科の広葉樹林に生える。→ p.139

子のう菌類

食 菌根菌
↑**ホウキタケ**
ラッパタケ目ラッパタケ科
Ramaria botrytis
秋、雑木林や針葉樹林に生える。

菌根菌
**チャトサカ
ホウキタケ**→
ラッパタケ目ラッパタケ科
Ramaria testaceoflava
秋、モミやツガなどの針葉樹林やその混生林に生える。

腐生菌・材
枝は太い
クチキトサカタケ→
ビョウタケ目ビョウタケ科
Ascoclavulina sakaii
夏〜秋、ブナの倒木に生える。→ p.139

枝の上は平ら

肉は革のように強い

菌根菌
↑**モミジタケ**
イボタケ目イボタケ科
Thelephora palmata
秋、広葉樹林やアカマツの混じる林に生える。不快なにおいが強い。

成熟するとレモン色から黄土色になる

毒 菌根菌
←**キホウキタケ**
ラッパタケ目ラッパタケ科
Ramaria flava
秋、雑木林に生える。胃腸系の中毒を起こす。

腐生菌・材
枝は細い
ヒメホウキタケ→
ラッパタケ目ラッパタケ科
Phaeoclavulina flaccida
夏〜秋、ふつうは針葉樹の落ち葉や枝に生える。

●キクラゲ目キクラゲ科、シロキクラゲ目シロキクラゲ科など
キクラゲ、ハナビラニカワタケなど

傘も柄もなく、裏表もはっきりしない。ゼラチンのような質感だが、乾くと縮んでかたくなる。しかし、吸水すれば元にもどる。いずれも腐生菌。

原寸大図鑑　キクラゲ目　シロキクラゲ目

目には見えないが毛は生えている。しかし、アラゲキクラゲより短い

食 腐生菌・材
←キクラゲ
キクラゲ目キクラゲ科
Auricularia auricula-judae
春〜秋、広葉樹の枯れ木に生える。

腐生菌・材
コガネニカワタケ→
シロキクラゲ目シロキクラゲ科
Tremella mesenterica
夏〜秋、広葉樹の枯れ木に生える。

透明感がある

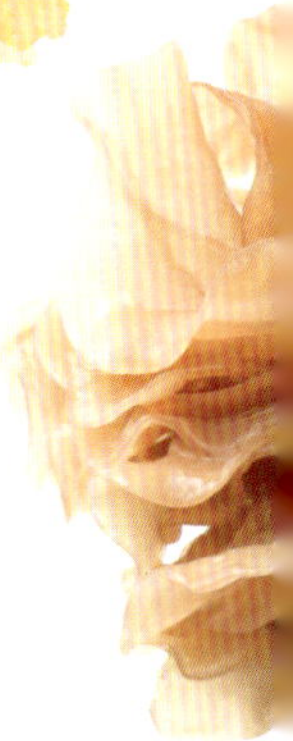

背面は細かい毛でおおわれ、白っぽい

くらべるきのこ
まっ黒い猛毒の黒い花
毒 クロハナビラタケ
→p.138

革質で、じょうぶ。

食 腐生菌・材
↑アラゲキクラゲ
キクラゲ目キクラゲ科
Auricularia polytricha
春〜秋、広葉樹の枯れ木に生える。

食 腐生菌・材
↓シロキクラゲ
シロキクラゲ目シロキクラゲ科
Tremella fuciformis
春〜秋、広葉樹の枯れ木に生える。デザートにも使える。

腐生菌・材
↓ムカシオオミダレタケ
キクラゲ目アポルピウム科
Elmerina holophaea
夏〜秋、ブナなどのくさった材から生える。

上面はもじゃもじゃしている

下面はひだが迷路のように入り組んでいる

透明感がある

ひらひらしないで、脳みそのようにまとまる

八重咲きの花のよう

腐生菌・材
↑ハナビラダクリオキン
アカキクラゲ目アカキクラゲ科
Dacrymyces chrysospermus
春〜秋、針葉樹の枯れ木に生える。

食 **腐生菌・材**
←ハナビラニカワタケ
シロキクラゲ目シロキクラゲ科
Phaeotremella foliacea
春〜秋、広葉樹の枯れ木に生える。

ひだや針はない

柄がある

腐生菌・地
ニカワジョウゴタケ→
キクラゲ目ヒメキクラゲ科
Guepinia helvelloides
夏〜秋、針葉樹林の地上に生える。

食 **腐生菌・材**
↓ニカワハリタケ
キクラゲ目ヒメキクラゲ科
Pseudohydnum gelatinosum
秋、針葉樹の切り株や根元に生える。

針をたらす

柄がある

●チャワンタケ科など
オオゴムタケなど

椀形〜皿形、あるいはそれらをたくさん集めたような形のきのこ。子のう菌類で、子のう胞子は上面の内側（皿の表面など）で作られる。柄があるものもあるが、子のう菌類は、つばやつぼはもたない。

原寸大図鑑 チャワンタケ目

上面がわずかにくぼむ

短い毛におおわれる

内部はゼラチン質

食 腐生菌・材
↑オオゴムタケ
ピロネマキン科
Trichaleurina celebica
初夏〜秋、くさりかけた倒木や切り株に生える。皮をむき、内部のゼラチン質を食べる。

くらべるきのこ
ゴムタケ→p.138
外側はかさぶたのような鱗片におおわれている。

外側に毛が生えているが少ない。

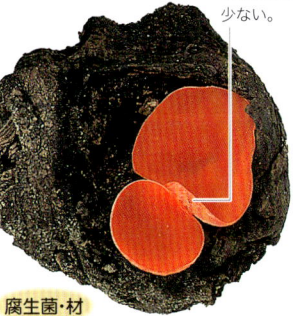

腐生菌・材
↑ベニチャワンタケモドキ
ベニチャワンタケ科
Sarcoscypha occidentalis
秋〜初冬、くさりかけた倒木の上などに生える。

柄があるコップ状のものが集まる。外側に白い毛が生えている

腐生菌・地
スナヤマチャワンタケ→
チャワンタケ科
Peziza ammophila
秋、海岸のわずかに草が生えている砂地に生える。

砂にまみれている

根元は柱のよう

腐生菌・地
←シロスズメノワン
ピロネマキン科
Humaria hemisphaerica
夏〜秋、林の地面やコケの間、かなりくさった倒木などから生える。

シロスズメノワン×2

上面は白色

ふちと外側に剛毛

上面は藤色ののち褐色や赤褐色になる

腐生菌・地
↑フジイロチャワンタケモドキ
チャワンタケ科　*Peziza praetervisa*
春〜晩秋、たき火の跡や庭に生える。

腐生菌・地
ミミブサタケ→
ベニチャワンタケ科
Wynnea gigantea
夏〜秋、広葉樹林などに生える。本州に分布。地中には菌核がある。

1本の柄が10〜20にわかれる

ここから下が地中

腐生菌・材
←センボンキツネノサカズキ
ベニチャワンタケ科
Microstoma aggregatum
秋、ミズナラやコナラなどの材に生える。

内側は灰色みのある褐色

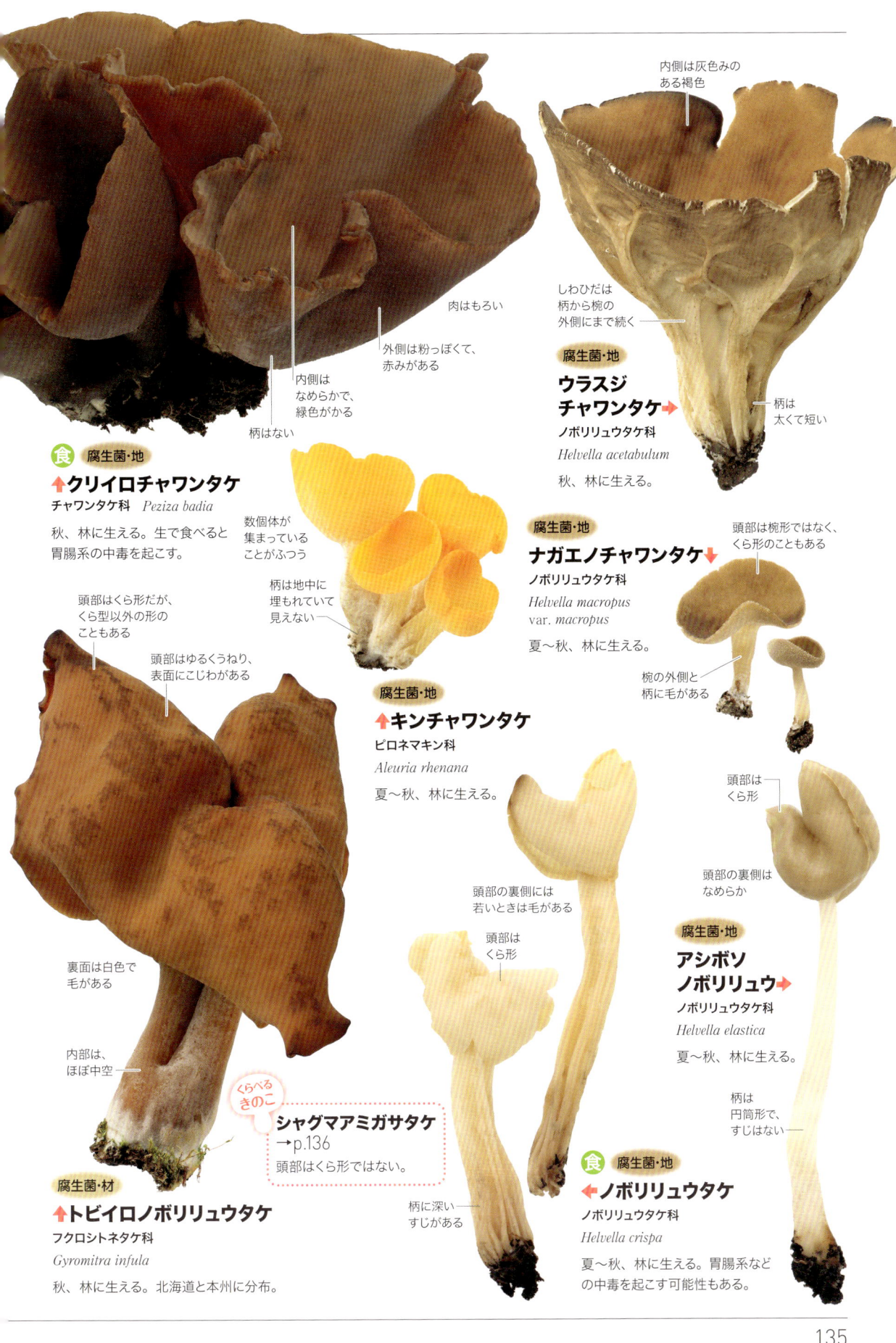

肉はもろい

外側は粉っぽくて、赤みがある

内側はなめらかで、緑色がかる

しわひだは柄から椀の外側にまで続く

柄はない

腐生菌・地
ウラスジチャワンタケ→
ノボリリュウタケ科
Helvella acetabulum
秋、林に生える。

柄は太くて短い

食 腐生菌・地
↑クリイロチャワンタケ
チャワンタケ科　*Peziza badia*
秋、林に生える。生で食べると胃腸系の中毒を起こす。

数個体が集まっていることがふつう

柄は地中に埋もれていて見えない

腐生菌・地
ナガエノチャワンタケ→
ノボリリュウタケ科
Helvella macropus var. *macropus*
夏〜秋、林に生える。

頭部は椀形ではなく、くら形のこともある

椀の外側と柄に毛がある

腐生菌・地
↑キンチャワンタケ
ピロネマキン科
Aleuria rhenana
夏〜秋、林に生える。

頭部はくら形だが、くら型以外の形のこともある

頭部はゆるくうねり、表面にこじわがある

頭部の裏側には若いときは毛がある

頭部はくら形

頭部はくら形

頭部の裏側はなめらか

腐生菌・地
アシボソノボリリュウ→
ノボリリュウタケ科
Helvella elastica
夏〜秋、林に生える。

柄は円筒形で、すじはない

裏面は白色で毛がある

内部は、ほぼ中空

くらべるきのこ
シャグマアミガサタケ
→p.136
頭部はくら形ではない。

柄に深いすじがある

腐生菌・材
↑トビイロノボリリュウタケ
フクロシトネタケ科
Gyromitra infula
秋、林に生える。北海道と本州に分布。

食 腐生菌・地
←ノボリリュウタケ
ノボリリュウタケ科
Helvella crispa
夏〜秋、林に生える。胃腸系などの中毒を起こす可能性もある。

135

● フクロシトネタケ科、アミガサタケ科
シャグマアミガサタケ、アミガサタケなど

担子菌類では「傘」と呼ばれるところは、「頭部」と呼ばれ、たくさんの椀形～皿形のきのこが集まり、くっついてできているような形をしている。子のう胞子は頭部の表面で作られている。内部は中空。

原寸大図鑑 チャワンタケ目

毒 腐生菌・地
↓オオシャグマタケ
フクロシトネタケ科　*Gyromitra gigas*

春～初夏、かなりくさった針葉樹の枯木の周辺から生える。中毒すると、シャグマアミガサタケと同じような症状が現れる。

- 色はオオシャグマタケよりも濃い
- 頭部は不規則にひだを寄せたような状態。オオシャグマタケよりしわが多い印象

毒 腐生菌・地
↑シャグマアミガサタケ
フクロシトネタケ科
Gyromitra esculenta

春～初夏、アカマツやヒノキなどの針葉樹林に生える。猛毒で、中毒すると胃腸系の症状に続き、肝臓や腎臓、循環器、呼吸器に症状があらわれ、死に至ることもある。ゆでると毒が抜けて食べられるようになるため、欧米では店頭で販売しているが、湯気を吸うだけでも中毒するという。

- 頭部は不規則にひだを寄せたような状態
- 色は、シャグマアミガサタケより明るい
- 頭部は帽子のような形で、細かいしわがある

腐生菌・地
テンガイカブリタケ➡
アミガサタケ科
Verpa digitaliformis

春、草原や林に生える。

- 柄に、横じわのような鱗片がある

頭部は網目状の
くぼみがある

食 腐生菌・地
ヒロメノトガリアミガサタケ
アミガサタケ科
Morchella costata
初夏、広葉樹林に生える。生で食べると胃腸系などの中毒を起こす。

頭部は形が丸いっこいものもある

食 腐生菌・地
アミガサタケ
アミガサタケ科
Morchella esculenta var. *esculenta*
春、草地や道ばた、公園などに生える。生で食べると胃腸系などの中毒を起こす。

内部は中空。この見開きの種は全部同じように中空

腐生菌・地
オオズキンカブリタケ
アミガサタケ科
Ptychoverpa bohemica
春、草原や林に生える。

アミガサタケよりも頭部の色が濃く、網目状のくぼみは暗い

頭部は帽子のような形で、縦にしわひだがある

柄に、綿くずのような鱗片がある

食 腐生菌・地
チャアミガサタケ
アミガサタケ科
Morchella esculenta var. *umbrina*
春、草地や道ばた、公園などに生える。生で食べると胃腸系などの中毒を起こす。

頭部はアミガサタケよりも円すい型で茶色が濃く、縦に走る脈がはっきりしている

食 腐生菌・地
トガリアミガサタケ
アミガサタケ科
Morchella conica
春、草地や公園、雑木林などに生える。生で食べると胃腸系などの中毒を起こす。

頭部は縦に走る脈がはっきりしていて、網目が大きい

コウボウフデ、カエンタケなど

●エウロチウム目ツチダンゴ科、ボタンタケ目ニクザキン科など

そのほかの子のう菌類を集めた。独特なものが多いので、すぐにわかるようになるだろう。毒きのこのクロハナビラタケのように注意が必要なものや、カベンタケモドキのように、見わけるためには顕微鏡が必要なものもある。

原寸大図鑑 エウロチウム目 ボタンタケ目など

横向きに生える

マユハキタケ
はじめは被膜につつまれている。被膜が破れると刷毛状

腐生菌・材
↑マユハキタケ
エウロチウム目マユハキタケ科
Trichocoma paradoxa
ほぼ一年中、タブノキなどの枯木から樹皮を破って生える。関東以南に分布。

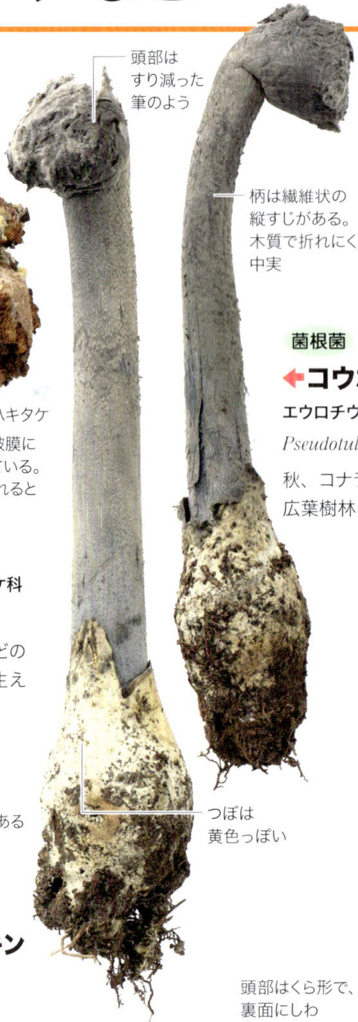

柄がある
どんぐり

腐生菌・地
↑ドングリキンカクキン
ビョウタケ目キンカクキン科
Ciboria batschiana
秋、腐葉土の中の、くさりかけたミズナラやコナラの堅果（どんぐり）から生える。

柄がある

古いツバキの花に菌核をつくる

頭部はすり減った筆のよう

柄は繊維状の縦すじがある。木質で折れにくく、中実

菌根菌
←コウボウフデ
エウロチウム目ツチダンゴ科
Pseudotulostoma japonicum
秋、コナラやクヌギなどの広葉樹林に生える。

つぼは黄色っぽい

頭部はくら形で、裏面にしわ

腐生菌・地
←クラタケ
リチスマ目ホテイタケ科
Cudonia helvelloides
秋、広葉樹の落ち葉に生える。北海道と本州に分布。

腐生菌・材
←ツバキキンカクチャワンタケ
ビョウタケ目キンカクキン科
Ciborinia camelliae
春、前の年に落ちたツバキの花から生える。

毒 **腐生菌・材**
クロハナビラタケ→
ビョウタケ目所属科未確定
Ionomidotis frondosa
春〜秋、広葉樹林の倒木に生える。本州〜九州に分布。下痢や腹痛などの胃腸系の中毒を起こす。

革質

くらべるきのこ
キクラゲ、アラゲキクラゲ
→p.132
吸水しているときは、ゼリー質。

ゼラチン質で、柄はない

食 **腐生菌・材**
ゴムタケ→
ビョウタケ目ゴムタケ科
Bulgaria inquinans
初夏〜秋、樹皮が残っているナラ類の枯れ木に生える。シイタケのほだ木の害菌として知られている。

くらべるきのこ
オオゴムタケ
→p.134
外側は短い毛でおおわれる

外側に、かさぶたのような鱗片

頭部は丸く、表面にしわがあり、湿ると粘性

食 **腐生菌・地**
←ズキンタケ
ビョウタケ目ズキンタケ科
Leotia lubrica f. *lubrica*
秋、林に生える。北海道と本州に分布。

柄は円柱状、中空

指のように枝わかれする。かたい

突出部は、扁平または、こん棒状

基部は、ひとつのかたまり

腐生菌・材
↑クチキトサカタケ
ビョウタケ目ビョウタケ科
Ascoclavulina sakaii

夏～秋、ブナの倒木に生える。

毒 腐生菌・地
↑カエンタケ
ボタンタケ目ボタンタケ科
Trichoderma cornu-damae

夏～秋、ブナ科の広葉樹林に生える。猛毒で、食後30分で胃腸系と神経系の症状があらわれ、その後、各臓器不全となり、死に至る。皮膚や粘膜がただれたり、毛髪が抜けたりもする。多くの冬虫夏草(→p.140)と同じボタンタケ目のきのこ。

肉は白色

腐生菌・地
テングノメシガイ➡
テングノメシガイ目テングノメシガイ科
Trichoglossum hirsutum f. *hirsutum*

夏～秋、くさった倒木や腐植土に生える。北海道、本州に分布。

剛毛が生えている

毛は生えていない

頭部は扁平で、溝がある

腐生菌・地
←カバイロテングノメシガイ
テングノメシガイ目テングノメシガイ科
Geoglossum fallax var. *fallax*

夏～秋、粘土質や腐植が進んだ地面に生える。北海道と本州に分布。

腐生菌・材
↓ホソツクシタケ
クロサイワイタケ目クロサイワイタケ科
Xylaria magnoliae

夏～秋、地上の落ち葉に埋まったホオの実に生える。

先端は尖る

若いと先端は白色だが、熟すと黒褐色

へら状

カベンタケモドキ➡
ヒメカンムリタケ目ヒメカンムリタケ科
Neolecta irregularis

秋、針葉樹林にも広葉樹林にも生える。担子菌類のカベンタケにそっくりだが、本種は子のう菌類。顕微鏡で胞子を見ないと見わけられないが、本種は東日本に多い。

根元は白っぽい

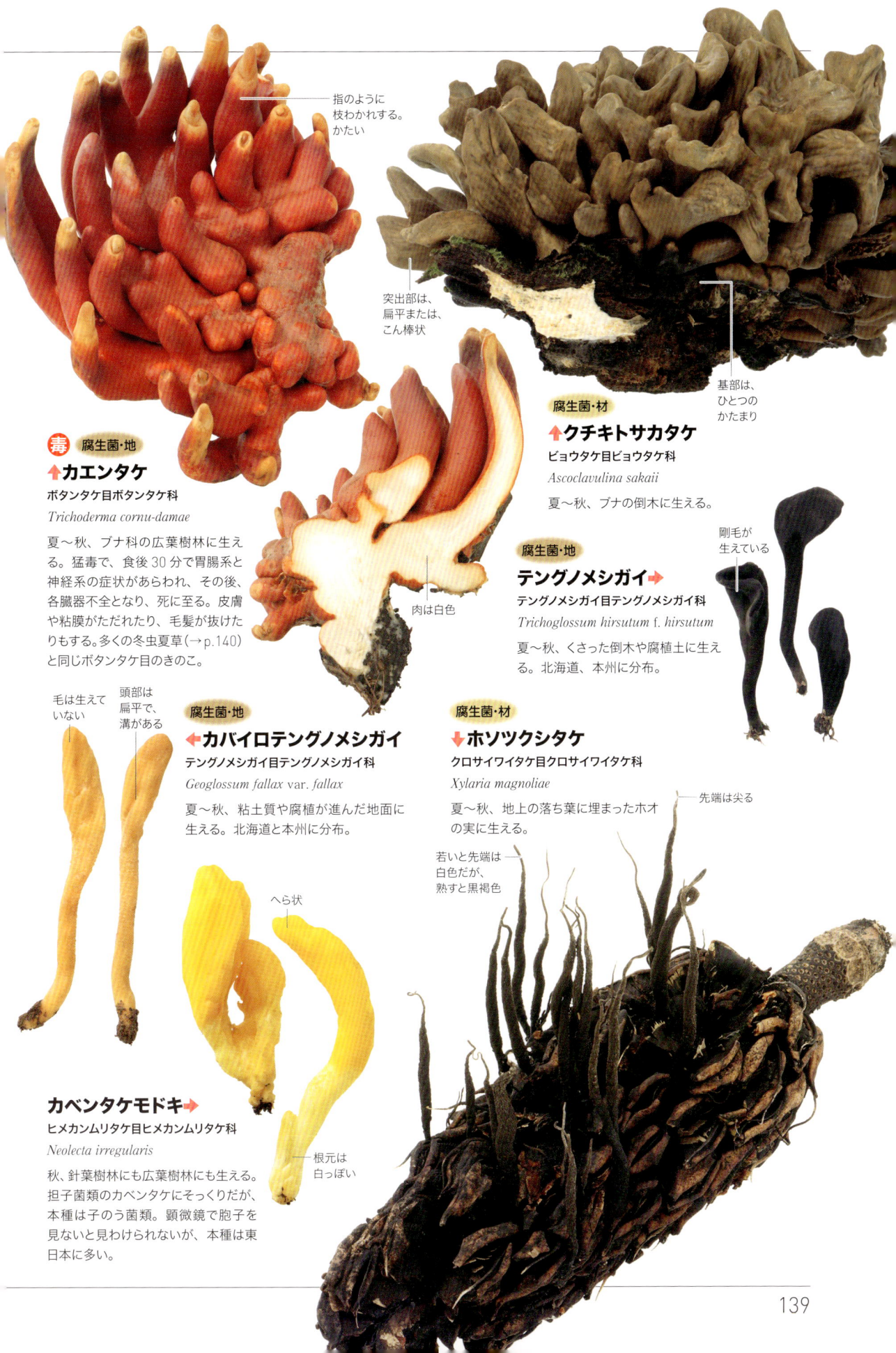

139

冬虫夏草（ボタンタケ目）

昆虫類やクモに生える。すべてボタンタケ目（ニクザキン目ともいう）に分類されるが、このグループには猛毒のカエンタケも含まれている。有性生殖を行うものは、胞子の詰まった子のう殻という粒を頭部につける。無性生殖を行うものは、分生子と呼ばれる胞子を頭部につけていて粉っぽい。

原寸大図鑑

頭部はざらざらしていない

寄生菌
←カメムシタケ
オフィオコルジケプス科
Ophiocordyceps nutans
夏、林の落ち葉に埋もれているカメムシ類から生える。

柄は黒色で細く、枝わかれしない

カメムシ類の胸または腹から生える

頭部はざらざらしている

寄生菌
←アワフキムシタケ
オフィオコルジケプス科
Ophiocordyceps tricentri
夏、林の浅い地中に埋もれているアワフキムシ類から生える。

柄は細く、枝わかれしない

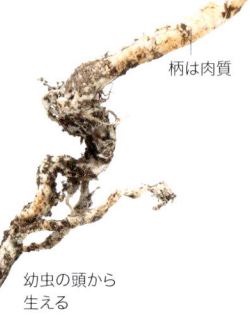

アワフキムシ類の胸から生える

寄生菌
ウメムラセミタケ→
オフィオコルジケプス科
Tolypocladium paradoxum
梅雨明けごろ、ニイニイゼミの幼虫から生える。

頭部はざらざらしていない

柄は肉質

幼虫の頭から生える

頭部はざらざらしている

1〜数本にわかれる

寄生菌
サナギタケ→
ノムシタケ科
Cordyceps militaris
秋、林の浅い地中に埋もれているガの蛹から生える。

ガの種類はさまざま

頭部はざらざらしていない。ミカンの皮のように見える

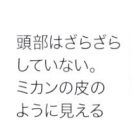

柄は短くて太い

寄生菌
←コガネムシタンポタケ
オフィオコルジケプス科
Ophiocordyceps neovolkiana
春〜夏、朽ち木の中のハナムグリの仲間の幼虫から生える。

子のう殻は埋もれていて、ざらざらしていない

寄生菌
←ヌメリタンポタケ
オフィオコルジケプス科
Tolypocladium longisegmentatum
春〜秋、地中のツチダンゴ類から生える。

柄は太く、鱗片を帯びる

ツチダンゴ類は子のう菌類の一種で、地中にある球状のきのこ。マツやブナと菌根をつくる

140

担子菌類と子のう菌類

きのこの2大グループ

「きのこ」は専門用語では「子実体」と呼ぶ。菌類は、ふだんは地中に菌糸を広げてくらしているが、一定の条件が整うと地上にきのこをあらわし、胞子を作る。その胞子が「どのようについているか」を手がかりとして分類すると、一般に「きのこ」と呼ばれる菌類は、大きく「担子菌類」と「子のう菌類」にわかれる。

子のう菌類はカビや酵母が多く、きのこと認識されているのは、アミガサタケやチャワンタケなど、ごく一部でしかない。

担子菌類

ひだや管孔などで胞子を作る。胞子は「担子器」という台の上につく。1つの担子器の上端は通常、4つにわかれていて、各1個の胞子がつく。

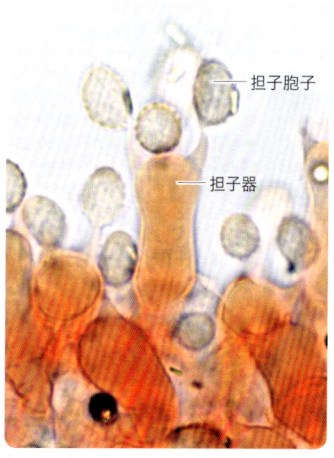

担子器と担子胞子

子のう菌類

頭部の表面で胞子を作る。胞子は「子のう」という袋の中に入っている。袋の中の胞子は通常8個で、胞子が成熟すると袋が破れる。

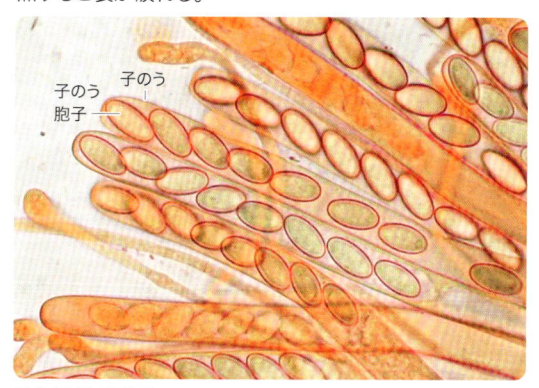

子のうと子のう胞子

頭部はうすい紫色の粉を帯びる
柄は肉質
巣
キシノウエトタテグモは地中に巣をつくってすむ

寄生菌
クモタケ
所属科未確定
Nomuraea atypicola
梅雨明け頃、キシノウエトタテグモから生える。

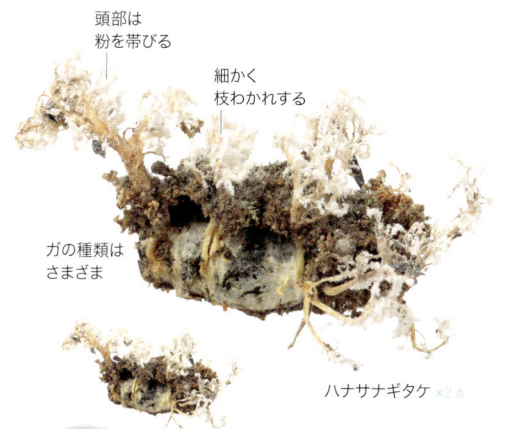

頭部は粉を帯びる
細かく枝わかれする
ガの種類はさまざま
ハナサナギタケ ×2.5

寄生菌
ハナサナギタケ
ノムシタケ科
Isaria tenuipes
春〜秋、雑木林の地上や地中のガの蛹から生える。

枝わかれする
頭部は粉を帯びる

寄生菌
ツクツクボウシタケ
ノムシタケ科
Isaria cicadae
夏〜秋、ツクツクボウシの幼虫などから生える。

幼虫は菌糸におおわれる。頭や口から生える

さくいん

細字はコラムなどで紹介しているページです。

ア

アイカワタケ	124
アイシメジ	41
アイセンボンタケ	84
アイゾメクロイグチ	115
アイタケ	95
アオイヌシメジ	47
アオネノヤマイグチ	110
アカアザタケ	29
アカイボカサタケ	35, 49
アカキツネガサ	69
アカチシオタケ	33
アカツムタケ	79
アカヌマベニタケ	35
アカネアミアシイグチ	100
アカハダワカフサタケ	87
アカヒトデタケ	129
アカモミタケ	97
アカヤマタケ	35, 49
アカヤマドリ	112
アキヤマタケ	35
アケボノアワタケ	114
アシナガイグチ	101
アシナガイタチタケ	73
アシナガタケ	33
アシナガヌメリ	87
アシベニイグチ	100, 105
アシボソノボリリュウ	135
アミガサタケ	137
アミスギタケ	120
アミタケ	102
アミヒカリタケ	33
アラゲキクラゲ	132, 138
アワタケ	104
アワフキムシタケ	140
アンズタケ	116
アンドンタケ	129
イタチタケ	73
イヌセンボンタケ	72
イボセイヨウショウロ	127
イボテングタケ	56
イロガワリ	105
イロガワリキヒダタケ	99
ウコンハツ	95
ウスキチチタケ	96
ウスキテングタケ	53
ウスキニガイグチ	115
ウスキニセショウロ	127
ウスキブナノミタケ	33
ウスキモリノカサ	70
ウスタケ	117
ウスヒラタケ	27
ウスフジフウセンタケ	89
ウスベニイタチタケ	73
ウスムラサキシメジ	42
ウツロベニハナイグチ	100, 113
ウメウスフジフウセンタケ	89
ウメハルシメジ	49
ウメムラセミタケ	140
ウラグロニガイグチ	114
ウラスジチャワンタケ	135
ウラベニガサ	48, 50
ウラベニホテイシメジ	48
ウラムラサキ	31
ウラムラサキシメジ	43
エノキタケ	75, 78
エリマキツチグリ	127
オウギタケ	99
オオイチョウタケ	47
オオスムラサキフウセンタケ	89
オオツネタケ	31
オオキヌハダトマヤタケ	86
オオキノボリイグチ	106
オオクロニガイグチ	115
オオゴムタケ	134, 138
オオシャグマタケ	136
オオシロカラカサタケ	66
オオシワカラカサタケ	70
オオズキンカブリタケ	137
オオツガタケ	90
オオツルタケ	50, 59
オオフクロタケ	50
オオホウライタケ	31, 32
オオムラサキアンズタケ	117
オオモミタケ	37
オオワライタケ	80, 84
オキナクサハツ	94
オシロイシメジ	45
オソムキタケ	29
オトメノカサ	35
オニイグチモドキ	113
オニタケ	69
オニナラタケ	76
オニフウセンタケ	92
オニフスベ	126

カ

カエンタケ	131, 139
カキシメジ	28, 39, 75, 78
カゴタケ	129
カノシタ	116, 118
カバイロタケ	82
カバイロツルタケ	59
カバイロテングノメシガイ	139
カバイロトマヤタケ	86
カブラテングタケ	63
カブラマツタケ	39
カベンタケモドキ	139
カメムシタケ	140
カヤタケ	47
カラカサタケ	67
カラハツタケ	97
カラマツシメジ	38
カラマツベニハナイグチ	100, 113
カレバキツネタケ	31
カワムラジンガサタケ	93
カワラタケ	122
カンゾウタケ	30, 125
ガンタケ	57
カンバタケ	30, 121, 125
キアミアシイグチ	108
キイボカサタケ	49
キイロイグチ	112
キイロスッポンタケ	128
キウロコテングタケ	63
キカラハツダケ	96
キクラゲ	132, 138
キサケツバタケ	82
キサマツモドキ	43
キショウゲンジ	85, 91
キタマゴタケ	53
キチチタケ	98
キツネタケ	31
キツネノエフデ	129
キツネノタイマツ	128
キツネノチャブクロ→ホコリタケ	127
キツネノハナガサ	70
キツブナラタケ	76
キナメツムタケ	79
キヌオフクロタケ	51
キヌガサタケ	128
キヌメリガサ	35
キヌモミウラタケ	49
キノボリイグチ	102
キハツダケ	96
キヒダマツシメジ	38
キホウキタケ	117, 131
キララタケ	72
キリンタケ	55
キンカクイチメガサ	77
キンチャフウセンタケ	92
キンチャヤマイグチ	111
キンチャワンタケ	135
クサウラベニタケ	48, 50
クサハツモドキ	94
クダアカゲシメジ	39
クチキトサカタケ	131, 139
クチベニタケ	127
クモタケ	141
クラタケ	138

クリイロイグチ	104
クリイロカラカサタケ	68
クリイロチャワンタケ	135
クリイロムエタケ	32
クリカワヤシャイグチ	100
クリタケ	77, 78
クリフウセンタケ	91
クロカワ	111, 118, 120
クロゲシメジ	40
クロタマゴテングタケ	58
クロチチタケ	98
クロチチダマシ	98
クロハツ	95
クロハナビラタケ	132, 138
クロラッパタケ	116
ケショウハツ	94
ケロウジ	119
コイヌノエフデ	129
コウジタケ	101
コウタケ	119
コウボウフデ	138
コウモリタケ	125
コオニイグチ	113
コガネキヌカラカサタケ	71
コガネタケ	70
コガネテングタケ	57
コガネニカワタケ	132
コガネヌメリタケ	33
コガネムシタンポタケ	140
コガネヤマドリ	108
コキララタケ	72
コショウイグチ	115
コシロオニタケ	63
コスリコギタケ	130
コテングタケ	57
コテングタケモドキ	50, 58
コトヒラシロテングタケ	62
コナカブリテングタケ	54
コバヤシアセタケ	86
コフキサルノコシカケ	121
コホウキタケの一種	131
ゴムタケ	134, 138
コムラサキイッポンシメジ	49
コムラサキシメジ	42

サ

サクラシメジ	34
サクラシメジモドキ	34
サクラタケ	33
サケツバタケ	82
ササクレシロオニタケ	65
ササクレヒトヨタケ	71
ササクレフウセンタケ	92
サナギタケ	140
サマツモドキ	43
ザラエノハラタケ	68
ザラツキキトマヤタケ	86
サンコタケ	129
シイタケ	28
シモコシ	41
シモフリシメジ	40
シャカシメジ	45
シャグマアミガサタケ	135, 136
ショウゲンジ	85, 91
ショウロ	127
シロイボカサタケ	49

142

シロオニタケ	65	テングツルタケ	55
シロカノシタ	118	テングノメシガイ	139
シロキクラゲ	132	トガリアミガサタケ	137
シロクモノスタケ	99	トガリニセフウセンタケ	93
シロコタマゴテングタケ	60	トキイロヒラタケ	27
シロスズメノワン	134	トキイロラッパタケ	116
シロテングタケ	64	ドクカラカサタケ	66
シロナメツムタケ	79	ドクササコ	34, 47
シロノハイイロシメジ	45	ドクツルタケ	51, 60
シロハツ	95	ドクベニタケ	94
シロフクロタケ	51	ドクヤマドリ	105, 108
シロヤマイグチ	111	トビイロノボリリュウタケ	135
シワナシキオキナタケ	85	トビチャチチタケ	98
ジンガサタケ	73, 85	トフンタケ	84
ジンガサドクフウセンタケ	92	ドングリキンカクキン	138
スギエダタケ	74	トンビマイタケ	123
スギタケ	80		
スギヒラタケ	27	**ナ**	
ズキンタケ	138	ナガエノスギタケ	87
スジオチバタケ	32	ナガエノチャワンタケ	135
ススケヤマドリタケ	109	ナギナタタケ	130
スッポンタケ	128	ナメアシタケ	33
スナヤマチャワンタケ	134	ナメコ	75, 78
スミゾメヤマイグチ	110	ナメニセムクエタケ	93
スリコギタケ	117, 130	ナラタケ	75, 76, 78
セイタカイグチ	108	ナラタケモドキ	76
センボンキツネノサカズキ	134	ニオイコベニタケ	94
センボンサイギョウガサ	85	ニオウシメジ	46
		ニガイグチモドキ	115
タ		ニガクリタケ	77
ダイダイガサ	43, 75	ニカワジョウゴタケ	133
タヌキノチャブクロ	126	ニカワハリタケ	133
タマアセタケ	86	ニセアシベニイグチ	105
タマウラベニタケ	49	ニセアブラシメジ→クリフウセンタケ 91	
タマゴタケ	53	ニセマツカサシメジ	75
タマゴタケモドキ	53	ニセマツタケ	39
タマシロオニタケ	62	ニンギョウタケ	125
タマチョレイタケ	120	ヌメリアカチチタケ	97
タマノイグチ	104	ヌメリイグチ	102
タマムクエタケ	83	ヌメリコウジタケ	101, 102
タモギタケ	27	ヌメリスギタケ	80
タンポタケ	140	ヌメリスギタケモドキ	43, 80, 84
チシオタケ	33	ヌメリツバタケ	74
チチアワタケ	103	ヌメリツバタケモドキ	74
チチタケ	97	ネズミシメジ	40
チャアミガサタケ	137	ノウタケ	126
チャオニテングタケ	55	ノボリリュウタケ	135
チャトサカホウキタケ	131		
チャナメツムタケ	79	**ハ**	
ツキヨタケ	26, 28	ハイイロイタチタケ	73
ツクツクボウシタケ	141	ハイカグラテングタケ	54
ツチカブリ	96	ハエトリシメジ	41
ツチグリ	127	バカマツタケ	39
ツチナメコ	83	ハタケシメジ	44
ツノシメジ	43	ハタケチャダイゴケ	127
ツノフミタケ	129	ハツタケ	98
ツバアブラシメジ	90	ハナイグチ	103
ツバキキンカクチャワンタケ	138	ハナオチバタケ	32
ツバナシフミヅキタケ	83	ハナガサイグチ	112
ツバフウセンタケ	91	ハナガサタケ	80
ツバマツオウジ	45	ハナサナギタケ	141
ツブカラカサタケ	69	ハナビラダクリオキン	133
ツルタケ	59	ハナビラニカワタケ	133
テンガイカブリタケ	136	ハマシメジ	41
テングタケ	56	バライロウラベニイロガワリ	100
テングタケダマシ	57		

ハンノキイグチ	104	ミヤママスタケ	124
ヒイロベニヒダタケ	35, 51	ムカシオオミダレタケ	132
ヒカゲシビレタケ	84	ムキタケ	26, 29
ヒダハタケ	99	ムササビタケ	73
ヒトヨタケ	71, 72	ムジナタケ	73
ヒメカバイロタケ	29	ムラサキアブラシメジモドキ	89
ヒメコガサ	87	ムラサキシメジ	42
ヒメコナカブリツルタケ	55	ムラサキナギナタタケ	130
ヒメサクラシメジ	34	ムラサキフウセンタケ	88
ヒメヒガサヒトヨタケ	72	ムラサキホウキタケ	130
ヒメベニテングタケ	52	ムラサキヤマドリタケ	109
ヒメホウキタケ	131	ムレオフウセンタケ	42, 88
ヒメマツタケ	71	モエギタケ	82
ヒラタケ	26	モミジタケ	118, 131
ヒラフスベ→アイカワタケ	124	モミタケ	36
ヒロヒダタケ	74	モリノカレバタケ	29
ヒロメノトガリアミガサタケ	137		
フキサクラシメジ	34	**ヤ・ラ・ワ**	
フクロツルタケ	64	ヤグラタケ	46
フサクギタケ	99	ヤコウタケ	33
フジイロチャワンタケモドキ	134	ヤナギマツタケ	83
フタイロベニタケ	95	ヤマイグチ	111
ブドウニガイグチ	114	ヤマドリタケ	105, 108
ブナシメジ	44	ヤマドリタケモドキ	105, 109
ブナノモリツエタケ	74	ヤマブシタケ	118
ブナハリタケ	118, 122	ラッパタケの一種	117
フミヅキタケ	83	ワカクサタケ	35
フモトニガイグチ	114	ワタカラカサタケ	69
ベニイグチ	101	ワタヒトヨタケ	72
ベニウスタケ	116	ワライタケ	85
ベニカノアシタケ	33		
ベニチャワンタケモドキ	134		
ベニテングタケ	52		
ベニナギナタタケ	130		
ベニハナイグチ	103		
ベニヒガサ	35		
ベニヒダタケ	51		
ヘビキノコモドキ	54		
ホウキタケ	131		
ホオベニシロアシイグチ	106		
ホコリタケ	127		
ホシアンズタケ	74		
ホソツクシタケ	139		
ホテイシメジ	34		
ホンシメジ	44, 48		
マ			
マイタケ	122		
マゴジャクシ	120		
マスタケ	124		
マツオウジ	45		
マツカサキノコモドキ	75		
マツカサタケ	75, 118		
マッシュルーム	71		
マツタケ	38		
マツタケモドキ	38		
マツバハリタケ	118		
マユハキタケ	138		
マントカラカサタケ	67		
マンネンタケ	121		
ミキイロウスタケ	116		
ミドリニガイグチ	114		
ミナカタトマヤタケ	86		
ミネシメジ	41		
ミミブサタケ	134		
ミヤマタマゴタケ	58		

143

写真
大作 晃一
（おおさく こういち）

千葉県生まれ。自然写真家。オフロードバイクで野山を駆けめぐっていたとき、きのこに興味を覚える。以来、きのこの写真を精力的に撮り続け、国内外の図鑑に多くの写真を提供している。被写体全面にピントがあった深度合成と呼ばれる撮影を行い、本書にも用いられている。最近ではきのこの他に植物や昆虫も撮影。著書に『見つけて楽しむきのこワンダーランド』（山と溪谷社）、『おいしいきのこ毒きのこ』（主婦の友社）、『小学館の図鑑NEO 花』『小学館の図鑑NEO 花シール』（小学館）など多数。

監修
吹春 俊光
（ふきはる としみつ）

福岡県生まれ。京都大学農学部卒業、農学博士。1987年から準備室を経て千葉県立中央博物館に勤務。千葉県のきのこを30年ちかく調べてきた。動物の糞から生えるきのこ（糞生菌類）や、動物の死体や糞の分解跡から生えるきのこに興味をもち、2015年にはウシグソコナヒトヨタケを新種発表した。著書に『きのこの下には死体が眠る』（技術評論社）、『見つけて楽しむきのこワンダーランド』（山と溪谷社）などがある。

写真提供（五十音順）	石谷栄次・小山明人・吹春俊光
編集協力（五十音順）	安藤洋子・遠藤直樹・小山明人・佐藤博俊・谷口雅仁・種山裕一・中島淳志・根田仁・吹春公子・保坂健太郎・細矢剛・正井俊郎・松井英幸
撮影協力（五十音順）	浅井郁夫・内堀篤・大野和子・押田勝巳・香川長生・木下美香・小林孝人・小林由佳・神宮寺孝之・谷口雅仁・樋口國雄・宮川光昭・村山孝博・山岡昌治
シリーズフォーマット	美柑和俊［MIKAN-DESIGN］
デザイン協力	田中聖子［MdN Design］・株式会社ローヤル企画・高橋潤［山と溪谷社］
編集	山田智子・井澤健輔［山と溪谷社］
主な参考資料	『原色日本新菌類図鑑』（今関六也・本郷次雄／保育社）、『山溪カラー名鑑日本のきのこ 増補改訂新版』（今関六也・本郷次雄・伊沢正名ほか／山と溪谷社）、『持ち歩き図鑑おいしいきのこ毒きのこ』（吹春俊光・吹春公子・大作晃一／主婦の友社）、『新版北陸のきのこ図鑑』（本郷次雄・池田良幸／橋本確文堂）、『きのこ図鑑』（本郷次雄・幼菌の会／家の光協会）、『日本産菌類集覧』（勝本謙・安藤勝彦／日本菌学会関東支部）

くらべてわかるきのこ

2015年9月25日　初版第1刷発行
2024年1月15日　初版第7刷発行

写真	大作晃一
発行人	川崎深雪
発行所	株式会社山と溪谷社
	〒101-0051　東京都千代田区神田神保町1丁目105番地
	https://www.yamakei.co.jp/
印刷・製本	図書印刷株式会社

●乱丁・落丁、及び内容に関するお問合せ先
山と溪谷社自動応答サービス　TEL.03-6744-1900
受付時間／11:00-16:00（土日、祝日を除く）
メールもご利用ください。
【乱丁・落丁】service@yamakei.co.jp　【内容】info@yamakei.co.jp

●書店・取次様からのご注文先　山と溪谷社受注センター
TEL.048-458-3455　FAX.048-421-0513

●書店・取次様からのご注文以外のお問合せ先　eigyo@yamakei.co.jp

＊定価はカバーに表示してあります。
＊乱丁・落丁などの不良品は送料小社負担でお取り替えいたします。
＊本書の一部あるいは全部を無断で複写・転写することは著作権者および発行所の権利の侵害となります。
　あらかじめ小社までご連絡ください。

ISBN978-4-635-06348-7
Copyright ©2015 Kouichi Osaku All rights reserved.
Printed in Japan